U0165317

形體**輪廓**與**束腹**的前世今生

Silhouette & Corset

商鼎數位出版有限公司

出版者序

　　正式成立於 1997 年 1 月 1 日的「蘿琳亞國際有限公司」，到 2018 年的年初為止，算起來剛好走過 21 個年頭。記得當年公司剛成立之時規模並不大，主要成員也就只有我與內人莊碧玉總經理兩人，為了讓公司運作得以流暢，跑外面的工作與經營管理部分由我負責，至於產品的研發與設計的執行，則全交由內人莊總負責，兩人攜手一起並肩為事業打拼。經過這 20 多年的一路走來，「蘿琳亞」始終堅持以正派經營的信念來服務社會，對於自家每一項推出的商品，也都懷抱著戰戰兢兢、如臨深淵、如履薄冰的心情嚴謹以待，也因為一直堅守這份最高標準的自我要求，所以至今才能累計出超過萬人以上的愛用者，以及廣大社會大眾，對公司的產品給予肯定的支持。

　　看到「蘿琳亞」今天驕傲的成就，很多人會問「蘿琳亞」是如何辦到的？我認為這其中最重要的核心關鍵就是：「承先啟後、繼往開來」和「創新、實踐、至善」。以下就容我分述這兩項重點與大家一起分享。

　　其一是，「家學淵源、傳承歷史、與時俱進」。其實「蘿琳亞」塑身衣的淵源可追溯自 1972 年，當時家母在樹林的家中開了間「家庭式裁縫店」，主要是協助街坊左右鄰居訂做內衣、奶罩，其中多半是幫客人量身訂製傳統式的束腹內衣，所以算算到 2018 年的年初，已有超過 45 年以上的歷史。當時母親在家腳踩著縫紉機、手拿著針線縫紉細活，讓年紀雖小的我，早已耳濡目染不斷的在接受，那份獨特「境教」的敏銳度訓練。成年之後，在家母高超技藝的調教之下，讓我實際學習到祖傳的「獨門祕學」，幾經淬鍊與考驗之後，當羽翼漸豐之時便從母親的手中承接「束腹」的這項家業，「束腹」也就牢牢地與我的一生緊密環扣在一起。不過，雖然擁有師承家業的優勢，但仍自覺不能有一絲的躊躇志滿，一定要能與時俱進超越自我，也因為有這般體認，才能在行銷管理與產品開發這兩項，展現出具開創性的突破與作為。

其二是，「實踐力行、創造經典、人性至上」。「『蘿琳亞』產品的好不是靠嘴巴，而是靠實際穿上後的感受來定奪的」，這一點還要特別感謝內人莊總，因為公司每進行一項產品的規劃在推出上市之前，都會花上很長的時間進行實驗，其實這個實驗說穿了，就是將實驗品實際穿在人的身上，而且都是由莊總帶領的設計團隊實際穿著，莊總有句掛在嘴邊的名言：「自己穿起來都有問題，那何況是別人」，所以每一款新開發出來的塑身衣都要經過她嚴格的把關，而把關的方式就是她必須親自穿過、親自體驗。也因為產品的開發具備這種「實踐精神」，如此才能讓公司在研發與專利擁有世界國際級的最高榮譽，和令海內外同業震撼的成就。也因為「蘿琳亞」讓每一位成員都要深信「完美沒有止盡；以創新作為立足根本」的道理，所以才能在莊總的帶領下，為人類從束腹到塑身衣的進化中開創出歷史、建立了經典。當然，再好的商品若不能回歸以人為本的「人本主義」，尤其是從事塑身衣的這項行業，那它終將滅絕殆盡，所以「蘿琳亞」產品強調的核心價值，就是：「從人作為出發，並以追求人性為最終的目標，將塑身衣這項工作當成是一項志業來看待」，如此才能真正做到「讓自己心安；讓別人安心」的企業價值。

此次有緣特別委請，在服裝歷史與理論的研究上享有盛名，且著作等身的葉立誠教授協助，希望他能以豐厚的學術素養，針對「西方束腹的歷史軌跡」和「形體輪廓的變遷脈絡」；以及「蘿琳亞」的發展與特色，這些議題進行深入研究，經過一年多的嘔心瀝血，終於看到他這項研究的完成而且是成果豐碩，面對這些豐富的內容深感不該獨享，而有了進一步出版的念頭，希望能將其集結成冊與社會大眾一起分享，也讓傳承 45 年歲月並走過 20 多年頭的「蘿琳亞」，為社會文化的薪傳與開創可以留下一點回饋。

「蘿琳亞國際有限公司」
董事長 鄧民華 謹誌
2018 年 1 月

作者序

　　在西方世界中，「束腹」與「形體輪廓」這兩個議題都相當重要，尤其是將這兩個議題合併一起加以探討更是重要，因為藉由「服裝」與「身體」，所匯聚出來的論述與觀點，能讓我們更加清楚了解（甚至是掌握）西方服裝歷史以及審美價值的關鍵所在，而這也是本書在第一篇「繼往歷史篇」中所期望呈現的內容。全篇在書寫的結構上，是依據「時間軸」為主體的骨幹，並按「世紀」來劃分，每一單元皆從「穿著後的形體輪廓」為起頭，再順勢談到「束腹」的發展與內容，而每一單元皆以精要的文字搭配豐富的圖片，來進行系統性的揭示。

　　在第一篇最值得一提的是，篇章中特別將「束腹」，於概念上做了一番新的詮釋，將「束腹」分為「狹義」與「廣義」兩個定義。「狹義的束腹」，單指大家刻板印象中所認知的「傳統式束腹」；而「廣義的束腹」，則除了「傳統式束腹」之外，還包含「塑身衣」（及其相關的款式）。也因為有此定義作為基礎，所以更進一步提出：「束腹的第一次進化」，是泛指在 1920 年代束腹款式更加的多樣化，打破了過往「傳統式束腹」單一的印象。「束腹的第二次進化」，是泛指在 1930年代由於新素材的布料與材質研發的出現（尤其是在之後 1959 年「萊卡 Lycra」的誕生），讓「束腹」從過去的「硬挺僵硬」，演進到「柔順彈性」的新局面。

　　至於在第二篇的「承先啟後篇」，則是以國內「蘿琳亞國際有限公司」（簡稱「蘿琳亞 Lolinya」）為對象，就此企業的品牌故事進行深入的撰寫。本篇大致是依據「人物」、「榮耀」、「時尚」、「特色」、「見證」這五個主題來陳述「蘿琳亞」。

　　一個能擁有 24 項專利並屢獲多項國際發明大獎，甚至還啟動「束腹第三次進化」的成功企業，一定有許多值得學習的地方，特別是筆者畢生都在大學服務，尤其是自己所教導的服裝設計系學子，在教學中總希望能尋覓到一家服飾企業，可以拿來作為學生學習榜樣的典範，而「蘿琳亞」所標榜的「承先啟後、繼往開來」和「創新、實踐、至善」，剛好與我的信念不謀而合，就在一個機緣之下有了合作的緣分，經過一年半的時間終於完成了這個篇章。而不論是鄧民華董事長與莊碧玉總經理兩人的人生故事；或是「蘿琳亞」的經營理念以及產品開發，每一個環節都讓我深深的感動，讚嘆是年輕學子觀摩與學習榜樣的首選。

　　最後，除了再次感謝鄧民華董事長與莊碧玉總經理賢伉儷，提供本書出版的機會，另外也要感謝本書在進行過程中所給予協助的許多人，如實踐大學董事長謝孟雄博士、發行單位王銘瑜總經理及其團隊等等，如此才得以順利留下這金石之名的歷史見證。

葉立誠

2018 年 1 月 18 日

作者簡介

葉立誠

學歷
· 英國中央英格蘭大學（UCE）研究所藝術史及設計史碩士；專攻服裝史與服裝理論

現職
· 實踐大學服裝設計學系專任助理教授兼出版組組長
· 實踐大學《今日生活雜誌》總編輯

主要經歷
· 國立臺灣師範大學兼任助理教授
· 國立空中大學兼任助理教授；學科委員暨電視教學主講
· 教育部委辦《技職教育百科全書》服飾學理類主筆
· 客家委員會諮詢顧問及專案審查委員
· 新聞局製播《臺灣衣著文化》顧問
· 國立科學工藝博物館展示廳諮詢顧問及專案審查委員
· 新北市職業學校群科課程綱要總體課程審查委員
· 「臺灣文化創意加值協會」理事
· 「臺灣創意設計中心」顧問
· 公共電視製播《打拼：臺灣人民的歷史》之服裝指導顧問，該節目榮獲第 42 屆金鐘獎最佳美術指導獎
· 內政部「臺灣新衫設計大賽」評審
· 客家委員會「百搭客裝」全國服裝設計大賽評審長
· 國立故宮南院展示工程諮詢顧問

主要代表專書
· The Evolution of Taiwanese Costume in the Twentieth Century, under the Influence of Western Dress（U.C.E., U.K.）
· 服飾行為導論（矩陣出版社出版）
· 映象藝術（國立空中大學出版社出版）
· 研究方法與論文寫作（商鼎數位出版）
· 服飾美學 [典藏二版]（商鼎數位出版）
· 中西服裝史（商鼎數位出版）
· 臺灣服裝史 [典藏二版]（商鼎數位出版）
· 臺灣服飾流行地圖服裝史（商鼎數位出版）
· 二十世紀臺灣服飾變遷之研究（商鼎數位出版）
· 解開內在美的神祕面紗（商鼎數位出版）
· 客家小小筆記書 009 服飾篇（行政院客委會出版）
· 刺客繡：臺灣客家傳統刺繡展專刊（台北縣文化局出版）
· 造型設計（國立空中大學出版社出版）
· 臺灣顏、施兩大家族成員服飾穿著現象與意涵之探討（秀威資訊科技出版）
· 服飾穿著也是做人的一種修練（實踐大學出版）

目次
Contents

第一篇
繼往歷史篇
西洋女性輪廓審美與束腹的發展

　　每個人在面對自我時，對自己的身體與形體都必然會產生高度的關注，而且從小到大成長的過程中，我們也都會渴望自己，除了能身體健康之外，還期望能擁有一個受人稱羨的完美形體。如果當我們的身體外貌無法達到完美，甚至有些缺憾或缺陷，這時也會想到採用一些方式來調整或是改造，例如當一個人暴牙時會向牙醫求診做牙齒矯正；當姿態與肢體不佳時，也會透過輔助性的器材，或以運動、舞蹈、醫療等方式來調整與改善。

　　我們可以理解形體不佳，不只是健康的問題，也關係到審美的問題（因為它攸關一個人的形象與儀態），不過所謂的「形體不佳」，還不單單出現在有問題的時候，當加入「時尚」的觀點時，「沒問題的形體」也會變成是「有問題的形體」。所以要達到被定義的「理想完美形體」，那似乎就必須符合當時約定成俗的「時代審美準則」了。

　　所謂的「形體輪廓」意指「一個人身形的外圍」。在過去時尚界一提到「形體輪廓」時，總是會立刻想到法國服裝設計師克里斯汀 · 迪奧（Christian Dior），認為是他把「時尚」與「形體輪廓」兩者相互的結合，並且建立出一套「形體輪廓時尚流變原則」構想的第一人，因為他從 1953

「時尚形體輪廓」，或是我們把它放大，擴大成「時代的形體輪廓」來看，其實從人類有服飾穿著就已開始，它所代表的是一個時代審美價值具象的表徵，而且每一個時代都相當明確，擁有屬於該時代的「形體輪廓」，當然在西方的世界也不例外。

一個時代在建立起共同的「形體輪廓」，它所牽涉的範圍相當廣泛也非常複雜，它所涉及的層面也是琳瑯滿目，是社會的、是文化的、是經濟的、是政治的、是審美的、是時尚的，透過這些林林總總面向彼此相互盤結交錯的牽連，最後才勾勒出一個明確的風貌。

當然，我們在社會當中看待一個人的「形體輪廓」，絕非是赤裸裸光溜溜的身體，而是穿上衣服之後的身形，這也意味著社會化的「形體輪廓」，被定義為「是指人在穿上服飾後所形成著的輪廓」。所以我們在看待「形體輪廓」時，一定要把「衣服」與「身體」兩者關係一併來看，是需要同時兼顧的，認清社會化下的「形體輪廓」，就等於是「穿著服飾後所建立的身形輪廓」。

我們都知道「衣服」有可看見的外在服裝，也有看不到的內在服裝。身體有可見的外在形貌，也有隱藏於服裝底層的肉體。不過當一個人在穿上服裝之後，原本天然身體的樣貌也就會產生變化，「天然的身體」會轉變成「人工的身體」，外表的身形也隨著衣服穿著後而有了改變，形成出一個隨時可變的形體，同樣的，「形體輪廓」也必然會跟著更動。

綜觀西洋服裝史的發展，不論是哪個時期的時尚，都會透過服飾穿著，來建構出一套「理想而完美」的形體輪廓，當然這些輪廓，都是由「人的形象」與「服飾衣著」一起結合共構的，是「服飾美與形體美」共創的核心價值。單就服飾來看，「服飾這物件」為了達到這樣的核心價值，在款式、結構、色彩、穿法、質料也都會受其牽引，隨之改變。

在眾多的服飾款式中，不難發現，對於西方女性外型輪廓改變最顯著、影響最深，時間最久的服飾，莫過是「束腹」了。有很長的一段歲月，「束腹」對西方女性而言，是如此緊密又貼近，它與身體的關係是相偎又相依，

所以很難從女性的身上移除，因為它是女性必備的一項穿著，其實更精準的來說，「束腹」它已成為女性身體的一個部分，女性若脫去它，女性的身體就會被社會評價是一個「不完整」（「不完美」）的身體。

「束腹」從16世紀文藝復興到今，它並沒有完全離開婦女的身上，即便到今日兩性平權與女權意識高漲的「女力時代」，西方一些女性對穿著束腹的熱情，似乎並未見有所消退，甚至還有相當比例的女性，在自主性的決定下，仍然開心地選擇「改良版的束腹」或是「進化版的束腹」（塑身衣）的穿著，但矛盾的是，「束腹」所遭受到的譴責卻從沒有間斷過。

「束腹」，被視為是西方女性服飾當中最受爭議的一款服飾，從過往史料文獻的記載，我們可以很輕易找到，針對「束腹」穿著給予嚴厲指責與攻擊的論述，其負面的評價可說是罄竹難書。例如，有人把它視為是殘害女性健康的兇手，認為它會產生消化系統疾病，也會阻塞血液流動，甚至認為它與造成女性的不育與不孕有絕對關連；也有人把它看成是促使女性道德墮落的幫凶；當然也有人將它視為是造成女性角色地位低落，讓女性陷入壓迫、物化、不自由的罪魁禍首。

面對如此排山倒海般大量批判「束腹」的同時，我們也不禁要思考，既然「束腹」的名聲是如此狼藉不堪，慘遭眾人的斥責與喊罵，但為何它卻能在歐洲的西方世界屹立不搖，存活如此久的壽命？為何它能如此普遍擴及歐美各地？難道它對女性的身體是一無是處，完全沒有可取之處嗎？難道只有女性受此物之害嗎？難道女性都是毫無自主性被動式的接受此物嗎？面對種種疑問，不論其答案為何；不論其辯證結果為何，本篇章先把這些紛紛擾擾、各說其詞的見解放兩旁，回歸西洋女性外在的「輪廓審美」；以及內在穿著的「束腹」，針對這兩項議題的歷史發展與脈絡，陳述它們事實的點點滴滴。

＊本篇所有圖片，除特別於圖說註記之外，其餘皆取自維基百科公有領域。

十五世紀之前

上古時期

從歐洲文明史的發展來看，可知上古時期歐洲文明的起源，是以地中海為開端，其中在地中海最大的島嶼─克里特島（Crete），更被視為是歐洲文明的重要根源之一。大約在西元前 7000 年，「邁諾安人」（Minoan）來到克里特島，並於西元前 2800 年建立起「邁諾安帝國」（Minoan Empire）。大約在西元前 1450 年左右，從希臘而來的「邁錫尼人」（Mycenaean），攻占了克里特島。邁錫尼人在克里特島，不僅採納邁諾安人的生活方式；並且融入「邁錫尼文化」（Mycenaean culture）。

這尊大約是西元前 1600 年的執蛇女神雕像，典藏於「伊拉克利翁考古博物館」（Heraklion Archaeological Museum）。該雕像出土於克里特島上一座「邁諾安文明」（Minoan civilization）時期，屬於克諾索斯（Knossos）宮殿遺址的文物。這位女神上身穿的是「短袖敞胸緊身衣」（上衣不但相當緊貼合身，胸部更是裸露展現於外），下身是穿著具層次感的「鐘形裙」，腰部則以金屬腰環與寬皮帶來束緊腰身，整體輪廓形成如「8」字的「沙漏型」。（圖片作者後製處理）

　　從西元前 1000 多年，分別在克里特島上出土的克諾索斯（Knossos）宮殿、古墓和傳說中的特洛伊古城，所發現的壁畫與雕塑，都讓我們窺知當時的服飾風貌。男子的服飾較簡單，上身一般是打赤膊，下身則為一件「圍腰裙」（在圍腰裙前面有時也會有串珠編成的網狀飾物）。至於女性的服飾，上身是「短袖敞胸緊身衣」（上衣不但相當緊貼合身；胸部更是裸露展現於外），下身則是穿具層次感猶如「風鈴造型」輪廓的裙型。

　　根據克里特島上出土的人像文物來看，在服飾體態中最值得一提的是，不論男或女都會以金屬腰環與寬皮帶來束緊腰部。男女都一致強調「沙漏型」的腰身，除了皆是為了展現一種「健美」的形體美之外，對男女兩性還分別具有一些不同的意涵：男性以此顯示體魄的健壯，象徵年輕活力；女性則因腰身變細，相對讓胸部與臀部更加突顯，而藉此表達富饒豐碩，象徵生生不息、孕育生命之意。

　　西元前 750 年左右，位於巴爾幹半島南端的希臘興起了許多城邦。這些城邦面積不大但各自獨立，在所有城邦中特別以「雅典」（Athens）與「斯巴達」（Sparta）最著名。古希臘人最基本的服飾稱之為「袍衣」（Chiton），依照不同的款式主要可分成「陶立克式袍衣」（Doric chiton）、「佩普羅斯式袍衣」（Peplos chiton）、「愛奧尼克式袍衣」（Ionic chiton）三種。「Doric」與「Ionic」這兩種名稱都是源自於希臘神殿石柱柱頭的名稱。「Doric」的造形簡潔；「Ionic」則是成螺旋紋狀造形。

15世紀之前　15到16世紀　17世紀　　18世紀　　19世紀　　20到21世紀

「袍衣」（Chiton）是由一塊四方形布料所構成的。「陶立克式袍衣」（Doric chiton）其長度多於穿者的高度，寬度為人伸平兩臂時右指尖到左指尖的兩倍，穿時先在上身處向外向下做一大翻折，翻折的長度隨意而定，然後再做橫向平均對折，包住軀幹，兩肩處用較大的金屬別針固定住，對折的一邊可敞開也可縫合，而腰部通常是以腰繩綑綁固定。「陶立克式袍衣」（Doric chiton）與「佩普羅斯式袍衣」（Peplos chiton）兩者的差異，在於腰繩固定位置的不同。前者的腰繩是隱藏；而後者則是展露在外。「愛奧尼克式袍衣」（Ionic chiton）沒有翻折；兩手肩以大量別針固定，並以腰繩固定。

除了「袍衣」（Chiton）之外，「長袍」（Himation）也是古希臘相當普及的一款正式服裝。該款式為男女皆可穿的包纏式長外衣，是以一塊極大的長方形毛織物，以纏繞方式纏繞於身。

基本上，古希臘男女的服裝差異性不大，都是以一塊素色布塊，披掛或纏繞於身上，所表現的是一種自由不受拘束的精神。

大約是西元前 400 年，一件甕上的希臘女子圖像。該女子穿著「陶立克式袍衣」(Doric chiton)，整體輪廓形成「長條狀」的樣貌。

大約是西元前 420 年，一尊希臘女子的大理石雕像。
該女子穿著「陶立克式袍衣」(Doric chiton)，不強調
腰身，整體外型輪廓如「長條狀」。

大約是在四世紀 300 年兩位羅馬女性的馬賽克影像。該馬賽克壁
畫是出現於西西里島「卡薩爾的古羅馬別墅」（Villa Romana del
Casale）遺址的歷史文物。從兩位女子的穿著，讓我們看到古羅
馬女子已有「束胸」的情形。

　　比較上古時期克里特島與古希臘，兩地人民在追尋服飾與形體之審美價值的異同性時，可知他們都同樣的藉由體能的鍛鍊來達到體型比例的均勻。不過不同之處，則是克里特島地區的人，不論是男性或女性，都會在腰際間戴上銅環或皮帶環來束緊腰部，以達到有個纖細腰身的身材，而這種現象也被視為是歐洲「束腰」行為的源起。至於希臘地區的人則不同，他們不分男女所追尋的是一種「自然就是美的觀念」，強調有個自然的身體，所以沒有束腰的習慣。

　　從服飾輪廓形象上，我們看到克里特島居民所強調「沙漏型」的「8字狀」輪廓，這與古希臘人所信奉的「長條狀」輪廓，形成兩套截然不同的形體輪廓美模式。

　　說到上古時期歐洲的文明，當然還要包括古羅馬。位在義大利半島中西部的一塊「拉丁平原」（Latium），當地居民稱之為「拉丁人」（Latins），他們在西元前八世紀中期建立起「羅馬城」（Rome），定居於此地的民眾則稱之「羅馬人」。基本上，羅馬人在服飾款式上，不但延續古希臘的服飾審美觀，對於身體體態所追尋的理想美也與希臘人相同，都是追尋一種自然的體態美。不過羅馬人相較於希臘人，對身體體態的重視與關注，可以說是有過之而無不及，這一點我們可以從羅馬人對沐浴的重視窺知一二，羅馬人在其領地從城市到鄉鎮，四處修建公共浴場，浴池對羅馬人而言是一種生活，更是一種文化，在公共浴池眾人一起袒裼相對，所以對赤裸身體的保養鍛鍊就相當重視，我們從留存至今的一些馬賽克拼貼壁畫，可清楚看見當時古羅馬女性在浴池，出現穿著如今日的「束胸」做健身的畫面，這也是歐洲文明當中，女性以一塊布將胸部束縛起來最早的紀錄。

中世紀開始到十四世紀

西方歷史在結束上古時期之後便進入到「中世紀」（Middle Ages；476 年至 1453 年）。到了中世紀，宗教尤其是基督教對歐洲文明的發展帶來相當大的影響，由於基督教所強調的是禁慾思想，因此歐洲女性在服飾的穿著上，也同樣深受此影響，出現異於之前穿著概念的大轉變，女性轉而盡可能用服飾的穿著，把自己的身體加以包裹、遮掩、隱藏起來，避免身體有所外露，所以如此一來，就很難從外觀看出身體原本的曲線。當然這種看待身體的態度，絕對不同於上古時期古希臘或古羅馬的時代，那種能自由自在地展現個人自然的體態，以及能大方的讚美並詠嘆身體的「裸露美」。

從歷史的影像畫面來看，可知中世紀的初期，女性穿著外觀最明顯之處，就是身上除了披著一件大斗篷把全身包覆起來，頭上也以頭巾包裹，也因此「寬鬆與遮蔽」，就成了女性外觀形象的最大特色。

到了十二世紀，中世紀女性的形象在外觀輪廓線條，特別強調「纖細修長」與「銳角三角形」，並且將這兩種線條視為是一種「完美理想」的代表。

大約到了十三世紀，將頭到身體全部都密不透風包覆的穿法，已被看成是過時的風格。到了十四世紀，由於歐洲在裁縫技術有了顯著的進步，藉由貼身裁剪讓女性服飾出現腰身的線條，至於針對服裝腰身部分，此時，並沒有刻意去造成腰部的壓迫感，所以整體外觀輪廓仍延續過往的「寬鬆與自然」。

大約是十世紀時一位女性的影像。她的
穿著受基督教的影響，身上除了披著
一件大斗篷把全身包覆起來，頭、臉
與頸部也以頭巾包裹，也因此「寬鬆
與遮蔽」，就成了女性外觀形象的最
大特色。整體外型輪廓如「橢圓狀」。

法國昂熱大教堂（Angers Cathedra）的雕像，
該雕像大約是在 1130-1160 年。十二世紀時
女子外觀輪廓線條有別於前，當時服飾輪廓
特別強調「纖細修長」與「銳角三角形」，
並且將這兩種線條視為是一種「完美理想」
的代表。

大約是在 1220 年的兩位女性形象。到了
十三世紀將頭到身體全部都密不透風包
覆的穿法已逐漸消退。

大約是在 1250 年的女性。當時女性除了強調「纖細修長」
的輪廓之外，對於要有個「腰身線」的概念逐漸浮現。

大約是在 1230 年的女性形象。呈現出當
時女性所強調「纖細修長」的輪廓。

在十四世紀一群女子正在裁剪與整
理布料。由於當時歐洲在裁縫技術
有顯著的進步，透過貼身裁剪讓女
性服飾出現腰身的線條，不過對服
裝腰身部分，並沒有刻意去造成壓
迫感。

十四世紀一位正在工作的女子。可清
楚看到工作中女子有腰身的線條。

十四世紀的一位女子。從女子所穿著
的服飾來看，是一件有腰身的長袍。

大約是在 1365 年一群正隨著節奏在跳舞的女性。這群女性除了強調「纖細修長」的輪廓之外，還看到她們服飾上出現的腰身線
條，是透過貼身裁剪的方式形成的。整體外型輪廓如「內凹式酒杯」。

2

十五世紀到
十六世紀

十五世紀

　　西元 1453 年，也就是東羅馬帝國被鄂圖曼土耳其滅亡的這一年，它經常被史學家拿來作為時期劃分的分界點，在此分界點之前的十五世紀前半世紀，是屬於「中世紀時期」的階段，而分界點之後的十五世紀後半世紀，則進入到「文藝復興時期」的階段。

　　十五世紀女性的服飾，除了頭飾與帽子出現誇張的新樣式發展之外，「理想的形體輪廓」相較於十四世紀，也有了大幅的改變，其中最為突出有三大特色：其一，是藉由強調腹部的凸起，來達到上尖下寬「銳角三角形」的輪廓美。其二，是針對腰身出現強調「高腰與寬版瘦腰」，這種造型主要是藉由寬布條或是寬腰帶，來達到完美的輪廓線。其三，是大約從 1430 年代左右開始，女性的外著長袍，領型流行起「V 形」領的款式，在穿著此款外袍時，為了不讓 V 形領因開口的打開而曝露出胸部身體，女性除了會在 V 形領外袍的裡面，多加一件平領的衣服來遮掩，以避免胸部的外露；另外也會在胸前對襟兩側，以繞繩方式拉緊，來避免胸前不經意的打開。

大約是在 1410 年代的一群女性。到了十五世紀之初，女性的服飾相較於前一個世紀，有了巨大的改變，除了頭飾與帽子出現誇張的新樣式發展之外，「理想的形體輪廓」也出現重大的變化。就腰部的腰身而言，以寬腰條或是寬腰帶來達成「高腰與寬版瘦腰」的型態。

　　有關外袍胸前這種繞繩方式，到了十五世紀的 80 年代，隨著女袍腰身高度的下修，這讓繞繩更加明顯也更加擴大，甚至堂而皇之成為當時女性胸前裝飾的一大特色，當然這種以繞繩方式來拉緊，讓女性胸部緊緊被壓住，有束胸的效果，除意味著「以繩線綑綁方式勒緊身體的概念與方式」得到支持，似乎也為「內著式束腹」能在日後的產生，提供發展的關鍵基石。

大約是在 1410 年代的一名女性。與前一個世紀相比，過往女性隱約的「銳角三角形」輪廓，現在變得更加的明顯。

1435 年一名正在閱讀的女子。女子身上穿著當時所流行的 V 形領長袍，在長袍的 V 形領還以繞繩方式將開口拉緊，來避免胸前不經意的打開。

15世紀之前　15到16世紀　17世紀　　18世紀　　19世紀　　20到21世紀

1
2 | 3

1. 1439 年的一位女子。寬版腰帶將腰
   線上移到胸部的位置，形成上身短下
   身長的比例關係。

2. 1443 年的一位跪姿女子。她身穿當
   時流行的 V 形領長袍，長袍的裙襬有
   拖曳。

3. 大約是在 1445 年的兩位女子。兩位
   女子分別穿著當時最具代表的兩款 V
   形領長袍，一款有綁繩；一款沒綁繩。

大約是在 1450 年的一位女性。
她穿著綁繩式的 V 形領長袍，
她高凸的額頭是當時象徵美的一種風格。

1449 年時的一位女子。她穿著綁繩式 V 形領長袍，外袍內還穿一件白色的平領袍服。

大約是在 1450 年一位跪姿的女子。她身穿當時流行的 V 形領長袍，外袍內還穿一件平領的袍服。

從法國畫家尚・富凱（Jean Fouquet, 1420-1481，他是第一位前往義大利並親身體驗早期義大利文藝復興時期的法國藝術家），他所畫的這幅大約是在 1450 年的畫作，可清楚看到外袍綁繩穿線的結構。

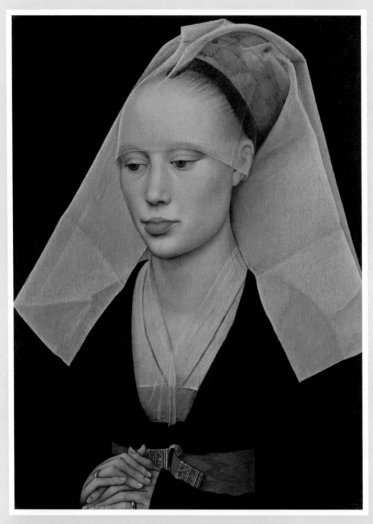

荷蘭畫家羅希爾・范德魏登（Rogier van der Weyden,
1400-1464）所繪製大約是在 1455 年的一幅肖像
畫。可清楚看到畫中女子身上，那條勒緊腰身紅色
腰帶的帶鉤。

大約是在 1467 年一位雙手合掌
的女子。她身穿當時流行的 V 形
領長袍，外袍內還穿一件平領的
袍服。

大約是在 1476 年的一位女子。她身上穿著當時流行的 V 形領長袍，外袍內還穿一件平領的袍服。另值得一提的是該女子的腰帶相當寬，這款腰帶對腰部有更大面積的束腰，從今天的角度來看，它像是一件短版的外著式「束腹」。

大約是在 1485 年的一位女子。女子外袍胸前的繞繩相當明顯，面積也相當大，當然這種以繞繩方式拉緊，讓女性胸部緊緊被勒住，有束胸的效果。

在 1480 年時的一位女子。到了十五世紀的 80 年代，女袍腰身高度的下修，讓胸前繞繩更加明顯也更加擴大，甚至堂而皇之成為當時女性胸前裝飾的一大特色。

十六世紀

從歷史的影像畫面來看，可知十六世紀的女性，在服飾款式與穿著上，相較於前又有了相當顯著的改變。

在之前盛極一時誇張的頭飾與帽子，很快的於本世紀初期逐漸被捨棄，甚至到了 1540 年代，幾乎完全被髮箍與頭巾取代，由於這項改變，調整了女性頭部的輪廓，「由誇張變成收斂」。

在女裝的前衣領方面，「方形領」很快取代「V 形領」成為新的主流，這也讓女性胸部的上半截有更多的展露，適時成為當時女性展現體態美的表現重點之一。

至於此時袖型款式的改變，也是既快速又明顯，特別是在中期左右開始流行的「袖子頂端隆起」造型，讓女性形象看起來更加挺拔。而同樣大約在中期左右開始，於脖子周圍出現的「硬挺領」及「誇張領」，也是當時女性服飾的一大特徵。

毫無疑問，誇張的袖型與領子，這兩部分的組合，大大突顯身體上半部的比例，強化了上半身「挺拔」的形象，這種形象並成為此時男女共通的形體美標準。

1506 年時的一位女子，該女子腰身相當明顯呈現出細腰的身材。

在中期之後「長腰鍊」幾乎完全取代外袍上的寬腰帶，成為女性腰部新崛起的裝飾物，這長長垂掛的「長腰鍊」，似乎又呼應了女性因「筆直」線條，而營造出「挺拔」的視覺效果。

十六世紀是女性藉由內在穿著改變形體輪廓開始的世紀。在裙撐的部分，源於西班牙並以「西班牙」之名來稱呼的「西班牙式裙撐」（Spanish farthingale），在十六世紀中期開始盛行於歐洲，這種史無前例將裙子撐出「圓錐形」造型的內著服飾，改變了歐洲女性下半部的輪廓。這款在西班牙被稱之為「Verdugado」的裙撐，據說它一開始出現的目的，只是功能的考量，主要是為防止裙子變皺，但卻很快的成為歐洲皇室貴族爭相穿著的內著服飾。

在 1514 年的一位女子。
到了十六世紀初期，女性裙襬的款式不同於前，
那就是過往相當重視的拖曳造型，此時已消逝不復見了。

在 1526 年的一位女子。女性外袍胸前繞繩的造型，是延續前個世紀的方式，不過這種造型到十六世紀，隨著時間演進，大約到西元 1550 年代便完全結束，就此告一段落。

1526 年時的一位女子。該女子腰身相當明顯呈現出寬版式的細腰。

此時女性裙長不再如過往那般強調過長的拖曳，而是剛好及地的長度，另外由於下半部的裙內穿著裙撐，所以在輪廓上形成「圓錐形」的造型。至於裙子的線條，則由腰部延伸向下到裙襬呈放射狀，呈現相當筆直、平滑、工整的樣貌。

在十六世紀初期女性外衣還看到綁繩出現在腰部的情形，但到了中期之後，因為「內著束腹」的風行，進而取代原本需要依賴外衣綁繩才能達到「束身」的方式。也正因女性內穿束腹，讓女性上半部出現緊實密不透風的新風貌，使得上半部外觀的輪廓造型，宛如「倒立式的圓錐形」。

對於十六世紀女性外觀形象輪廓的完美理想價值，「緊綁紮實」與「生硬挺拔」這兩項，絕對是建立女性形象最重要的一項要點。

十六世紀對體態美所追尋的是一種強調「和諧、比例」的觀念。許多藝術家更自行定出標準化的體態審美尺度。在當時針對男女的體態理想美，都同樣強調「豐潤、成熟」的形象，而不同於之前所強調的「纖細、年輕」形象。當時服飾出現最大的變化，就是透過外在或內在的服裝穿著來改變輪廓形象。例如：女性與男士在脖子戴上皺褶領，以改變頸部的輪廓；女性在外衣的裡面穿上緊身束腹，以達到有個細小的腰身；在臀部穿上臀墊或是裙衣架，以達到有個寬闊的下圍。至於在男士

大約是在 1535 年的三位女子。三位女子外袍胸前的繞繩相當明顯，藉由這種繞繩方式，
讓女性腹部緊緊被勒住，是具有束腹的效果。

方面，為了表現出男性化的陽剛氣，除了透過填塞方式來造成手臂的壯
碩形象，男性也會在褲子的褲襠前面，附上俗稱「陰囊袋」（Codpiece）
的突起囊袋，藉此來象徵男性氣概的特質。此時男女雖然都是以「正三
角形」為理想的輪廓，只不過女性是以「正的正三角形」為準，男士則
是以「倒的正三角形」為要。

大約是在 1535 年的一位女性。該名女性的腰身是以
簡單的細繩綑綁方式，來呈現出細小的腰身。

這一幅英國國王亨利八世（Henry VIII,
1491-1547）第四任妻子克利夫斯的
安妮（Anne of Cleves, 1515-1557）之
肖像畫。從這幅大約是 1539 年的油
畫可看出，克利夫斯的安妮以細腰帶
方式營造出細腰身。

大約是在 1538 年的一位
女性。該名女性的腰身是
以繫上金屬腰帶，來呈現
出小的腰身。

　　讓十六世紀女性束腰的主流模式，從「外袍胸前的繞繩」和「繫腰帶」這兩種的方式，改為內著「束腹」的方式，影響的關鍵人物是兩位皇后，一位是是英國國王亨利八世（Henry VIII, 1491-1547）的第六任妻子凱瑟琳‧帕爾（Catherine Parr, 1512-1548）；另一位是法國國王亨利二世（Henri II, 1519-1559）的妻子凱瑟琳‧德‧麥地奇（Catherine de Médicis, 1519-1589）。

　　凱瑟琳‧帕爾是亨利八世六個妻子中的最後一位妻子，亨利八世與凱瑟琳‧帕爾是在 1543 年 7 月 12 日於漢普頓宮成婚，針對許多她的肖像畫與亨利八世其他的妻子做比較，很容易發現，在她 1540 年代的畫像已看到她捨棄「外袍胸前的繞繩」和「繫腰帶」這兩種的方式，而改以內著「束腹」的方式，來達到細小腰身的輪廓，不僅如此，她也內穿「西班牙式裙撐」（Spanish farthingale），並於腰部繫上長垂掛的「長腰鍊」。凱瑟琳‧帕爾在 1540 年代為這些服飾的穿著與輪廓，建立嶄新的模式。

　　內著式的「緊身束腹」，它是源自於十六世紀的西班牙與義大利。「緊身束腹」能快速由南歐向上蔓延，另一關鍵人物就是十六世紀出生於義大利的法國王后凱瑟琳‧德‧麥地奇（Catherine de Médicis。義大利語原名為 Caterina Maria Romola di Lorenzo de' Medici。她是瓦盧瓦王朝國王亨利二世的妻子），由於她個人相當

英國國王亨利八世的第四任妻子克利夫斯的安妮。這幅大約是在 1540 年的肖像畫，我們可以看出克利夫斯的安妮她所穿的服飾，外袍胸前的繞繩以及細腰帶同時出現的情形。

1 | 2

1. 大約是在 1542 年的一位女性。該女性的腰身是以繫上寬版的腰帶,來達到小的腰身。

2. 法國國王亨利二世(Henri II, 1519-1559)的妻子凱瑟琳‧德‧麥地奇(Catherine de Médicis, 1519-1589)。不論是內穿緊身束腹,或是「西班牙式裙撐」(Spanish farthingale),或是腰部繫上垂掛的「長腰鍊」,凱瑟琳‧德‧麥地奇都是這些服飾穿著模式的帶動者之一。

鄙視粗腰,於是將「鯨魚鬚緊身衣」由義大利引入法國,並在法國宮廷中推行細腰時尚(據說她的腰圍只有 40 公分),也因此助長了細腰成為上流社會表彰時尚與身分的一項重點,甚至也有論者提到,「鐵製緊身束衣」能廣受歡迎,這與凱瑟琳‧德‧麥地奇是脫不了關係的。而不論是內穿「西班牙式裙撐」(Spanish farthingale),或是腰部繫上長垂掛的「長腰鍊」,凱瑟琳‧德‧麥地奇都同樣是這些服飾穿著模式的帶動者。

有關「鐵製緊身束衣」,當然我們可知,留傳至今的十六世紀的「鐵製緊身束衣」,並非只限女性穿用,而且也非只是單一為了「時尚」這個目的而穿,其實作為醫療矯正身體之用,也是「鐵製緊身束衣」存在的另一項重要目的。

「緊身束腹」材料的使用,除了有整件完全剛硬的鐵片之外,還有一種是以軟性的布料為主,再加上木片、金屬條或鯨魚等硬質材料縫製的組合。穿著「緊身束腹」的方式,並非是直接將它穿在赤裸的身體上,

英國國王亨利八世的第六任妻子凱瑟琳・帕爾（Catherine Parr, 1512-1548）。這幅大約是在 1545 年的肖像畫，我們可以看出凱瑟琳・帕爾下身內著「西班牙式裙撐」（Spanish farthingale）所形成出的「圓錐形」輪廓。這時束胸或束腹，已不再依賴外在的穿著，而是由內穿的「緊身束腹」來達到細小腰身的目的。整體外型輪廓如「雙圓錐形組合」。

而是必須先穿長袍式的內衣之後才穿上「緊身束腹」。所以說「緊身束腹」與肉體皮膚並非直接接觸，而是將它穿在外衣與內衣之間，如同「裙撐架」與「臀墊」的穿法一樣。

「緊身束腹」並非是女性的專利，從它的出現開始成為衣著的一部分，西方歐洲男士也就同樣會穿著，這一點我們可以從十六世紀到十九世紀期間，所出現的一些文獻中都可以得到明確的證實。在十六世紀我們就以 1597 年的 *Elizabethan Journal* 刊物中一位名叫喬治‧哈里森（George B. Harrison）的自述得到佐證。在他的自述中，他談到自己擁有「緊身束腹」；以及他需要穿著「緊身束腹」的情形，在該段原文如此寫到：「It (corset) shall come low before to keep in my belly, (sic).」

「緊身束腹」之所以能在十六世紀廣泛被接受，絕非單單只是因為它可以把腰身變細，或是可作為健康輔助的功能（藉此可控制食物的攝取，避免無節制的暴飲暴食；以及能讓身體有支撐力，減少姿勢不良所造成的不適）。其實更重要的是，它同時也能一起支撐起身體的「胸、腹、腰」，讓整個人更加堅實挺拔，身形也因而拉長，展現出一個人外在高貴氣派、雍容華貴的形貌，尤其是對女性來說，也能顯露出那份內在的教養與優雅的氣質，而這正好吻合當時完美理想的外觀形象的價值。

當然「緊身束腹」能在十六世紀快速流行，這與當時上流社會把「高貴優雅的氣質和不失家教的舉止」，視為是否能成為上流社會一員的重要條件，因為若要達到「高貴優雅的氣質和不失家教的舉止」，首重就是能對自我形體做到「控制」（這種控制甚至也包含對食物欲望的節制），而協助控制身體最好的方式就是穿著「緊身束腹」，當穿上「緊身束腹」不僅能讓儀態達到完美，重塑高貴的氣質，向人展示一種自傲的優越感；另外也能由內而外，提醒自己讓「身、心、靈」三位一體，練就出高尚完美的品德與情操。

　　這種藉由服飾（束腹）的穿著，就輕易的把一個個體，從一個「單純的生物我」，巧妙地轉變成為「複雜的社會我」，將「地位」、「教養」、「自律」、「優雅」、「形象」這些繁瑣而抽象的定義，通通一概輕鬆的整合為一，這也難怪在西方世界，「束腹」的穿著能在往後的歲月洪流中持續並歷久不衰的道理了。

從這幅大約是 1555 年的油畫，可看出該名女子
側面的輪廓線條。

瑪麗一世（Mary I, 1516-1558）。
她是英國國王亨利八世（Henry
VIII）與第一任妻子阿拉貢的凱瑟琳
（Catherine of Aragon, 1485-1536）
所生的唯一女兒。從這幅 1554 年
的肖像畫來看，整體形象是以「正
三角形」作為完美理想的輪廓。

這幅大約是 1557 年的肖像畫，可看出內著「緊身束腹」所形成的外觀輪廓，絕非單單只是因為能讓腰身變細，其實很重要的是，它也能一起支撐起身體的「胸、腹、腰」，讓整個人更加堅實挺拔，身形也因而拉長，藉此可展現一個人外在的高貴與氣派。

這幅 1560 年代的人物肖像畫,是西班牙皇后
瓦盧瓦的伊莉莎白(Elisabeth of Valois, 1545-
1568)。對於十六世紀女性外觀形象輪廓的完
美理想價值,「緊綁紮實」與「生硬挺拔」這兩
項絕對是最為重要的要點。

英國瑪格麗特‧奧德利,諾福克公爵夫人(Margaret
Audley, Duchess of Norfolk, 1540-1564)的肖像畫。這
幅 1562 年的油畫,從瑪格麗特‧奧德利,諾福克公
爵夫人華麗細緻的服飾穿著,以及誇張又緊實的輪
廓線條,成功的展現出個人尊貴的身分。

大約是 1563 年英國女王伊莉莎白一世(Elizabeth I, 1533-
1603)的肖像畫。這是一幅英國女王最早的全身肖像畫。可
看得出女王內著裙撐搭配臀墊,所形成出的「風鈴造型」輪
廓;以及穿著「緊身束腹」所營造出的纖細腰身。

1564 年的一幅二人組肖像畫。兩位少女呈現出寬版纖細的腰身，且上半身形成「倒三角」的輪廓。

1565 年西班牙皇后瓦盧瓦的伊莉莎白的一幅肖像畫。腰鍊讓腰部的視覺線條呈現出「V」形的輪廓美。

一幅十六世紀瑪麗・菲茨阿蘭（Mary FitzAlan, 1540-1557）的肖像畫。也被稱為諾福克公爵夫人瑪麗・菲茨阿蘭夫人（Lady Mary FitzAlan, Duchess of Norfolk）的瑪麗・菲茨阿蘭，呈現出當時完美的「正三角」輪廓。

一幅奧地利的安娜（Anna von Österreich, 1549-1580）在 1571 年的肖像畫。整體外型輪廓呈「圓錐形」的造型。

1572 年英國女王伊莉莎白一世的肖像畫。從所繪製的畫面來看，女王身上外面似乎是穿著一件相當
華麗且富裝飾性的束衣，這件束衣，其下襬呈現扇形的展開，也是一種新的款式。

大約是 1575 年英國女王伊莉莎白一世的肖像畫。從這幅油畫可看出，女王所穿著的是，上衣與下裙分開來的兩件式服飾，這相當不同於之前，女性以一件式長袍為主的型態，這又是伊莉莎白一世所帶來新風尚的穿著。

一幅大約是 1579 年的油畫。畫中女子藉由脖子上「高領與皺褶領」的「挺拔」形象，展顯出女子尊貴的身分與端莊的形象。

大約是 1580 年英國女王伊莉莎白一世的一幅肖像畫。從所繪製的畫面來看，女王除了呈現出當時完美的「正三角」輪廓，並以巨大的袖型來象徵她至高無上的權力。

1585 年英國女王伊莉莎白一世的一幅肖像畫。透過碟盤式的圓形誇張領，改變原本比較單薄且細長脖子的輪廓線，讓女王更顯氣勢萬千。

1585 年的一幅肖像畫。腰鍊向下垂墜所形成的「V」字線條，讓腰身有了更加纖細的視覺效果。

大約是 1585 年英國女王伊莉莎白一世的一幅肖像畫。透過服飾後天人為穿著的重新建立，改變原本屬於天然的身體，讓女王的權力與地位就如同這般巨大的身形，展現「權力的身體」。

```
      ┌─ 2 ─┐
  1 ──┤     ├─ 4
      └─ 3 ─┘
```

1. 大約是 1585 年萊蒂斯・諾利斯（Lettice Knollys, 1543-1634）的肖像畫。這位英國伯爵夫人穿著最明顯之處，就是在上身腰部的位置形成「尖銳的三角形」，這讓腰部看起來更顯纖細。

2. 大約是1589年英國伊莉莎白・布賴德斯（Elizabeth Brydges）的肖像畫。若仔細觀察會發現，伊莉莎白・布賴德斯所穿著的是，上衣與下裙分開來的兩件式服飾。

3. 大約是1590年的一幅肖像畫。可看出女子是穿著上衣與下裙分開來的兩件式服飾。而最值得一提的是，也看到女子穿著緊身束腹的樣貌。

4. 一幅 1592 年英國女王伊莉莎白一世的肖像畫。英國女王伊莉莎白一世內穿「法式裙撐」（French farthingale），她是帶動這款裙撐流行的代表人物。下半身外型輪廓如「圓柱形」。

大約是 1592 年一幅英國女王伊莉莎白一世的肖像畫。英國女王伊莉莎白一世內穿「法式裙撐」（French farthingale），形成出「圓柱形」的輪廓造型。

大約是 1592 年的一幅肖像畫。可看出女子的穿著，胸前開口狀的設計。

大約是 1593 年的一幅肖像畫。可看出女子內著裙撐搭配臀墊，所形成出的「風鈴造型」輪廓；以及上身的下襬向下延伸並展開的情形。

大約是 1595 年的一幅肖像畫。可看出女子裡面穿著，由稱之為「Wheel Drum」的一片扁平圓形環輪，與
稱之為「Bum roll」的臀墊，兩者一起組合而成的「法式裙撐」（French farthingale）。

1599 年的一幅肖像畫。女子腰鍊向下垂墜所形成的「尖形 V 字」線條，讓腰身有了更加纖細的視覺效果。

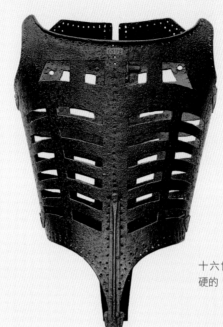

十六世紀時整件完全剛硬的「鐵製緊身束衣」。

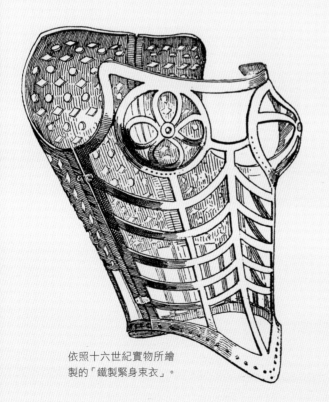

依照十六世紀實物所繪製的「鐵製緊身束衣」。

典藏於英國一件十六世紀時的「鐵製緊身束衣」。（圖片取自 York Museums Trust Online Collection）

3

十七世紀

　　原本在十七世紀之前相當普及的「誇張聳肩」造型，到了十七世紀時很快的轉趨沒落，而由「落肩與斜肩」來取代；另外，就在脖子周圍各式「誇張領型」消逝之際的同時，新款的「大型圓球袖」也出現了。由於這些新款式的組合，讓女性上半部的輪廓，由之前的「正三角形」轉變成「圓球形」與「菱形」。

　　到了 1650 年代開始，上衣「落肩」的情形更加地突顯，而形成下滑敞開的領口，這不僅讓肩膀露出，還促使胸口有了更大面積的裸露。當然這種輪廓線條的改變，也成為當時最具美感的時尚輪廓。

　　到了十七世紀後期（約從 1680 年代開始之後），法國女性在服飾款式上又出現大幅的改變，尤其是出現強調裙子背後線條的突出；以及後裙襬的拖曳，這些都牽動了女性輪廓的變化，若從側面來看，形成「直角三角形」的輪廓。

一幅 1605 年丹麥的安妮（Anne of Denmark, 1574-1619）肖像畫。丹麥的安妮是丹麥國王弗雷德里克二世（Frederik II, 1534-1588）第二個女兒。她嫁入英國之後全心致力於藝術的投入，並建造屬於自己壯麗的宮廷，營造出當時歐洲最豐富的文化沙龍。從畫像可看出她內穿「法式裙撐」（French Farthingale），形成出「圓柱形」的輪廓造型；以及領口下降的造型。

大約是1620年代的一幅肖像畫。
可以看出誇張領已從之前強調的
硬挺，出現漸趨柔和的轉變。

　　在十六世紀80年代後期，原本盛極一時的「西班牙式裙撐」（Spanish farthingale）逐漸沒落，而被稱之為「Wheel Drum」的一片扁平圓形環輪，與稱之為「Bum roll」的臀墊，兩者一起組合而成的「法式裙撐」（French farthingale）所取代。這款曾是十六世紀後期英國女皇伊莉莎白一世，特別偏愛的「法式裙撐」（French farthingale），一直延續到十七世紀的中期。

　　西班牙對裙撐架似乎特別情有獨鍾，繼開發出「西班牙式裙撐」（Spanish farthingale）之後，於十七世紀中期又推出一款新樣式的裙撐，名為「馱籃式裙撐」（Pannier），我們經常可以看到，日後成為法王路易十四妻子的西班牙公主瑪麗亞・特雷莎（Maria Theresa），在她年輕時的肖像畫，就是內著此款裙撐，而造成裙子「前後扁、左右寬」的誇張造型。不過這款裙撐當時一開始只在西班牙流行，僅為西班牙宮廷貴族女性所專屬的穿著，一直要到下一個世紀才全面在歐洲其他國家普遍流行。

　　此時女性對身體體態美的觀念，依舊是延續之前使用束腹與裙衣架，來改變原本的身體比例結構，而塑造出一個理想的形體輪廓美。不過值得一提的是，由於此時女性服裝流行落肩的款式，因而出現「露香肩」裸露美的特色。

15世紀之前　15到16世紀　17世紀　18世紀　19世紀　20到21世紀

一幅 1616 年的肖像畫。女子的穿著除了維持上個世紀誇張領，不過領口向下挖深露出胸部則是新的發展趨勢。

1620 年的一幅肖像畫。可以看出
不同於前個世紀的輪廓發展，那就
是肩膀趨向於「斜肩」的變化。

十七世紀當時對女性理想的身材標準，還是強調要有個細小的腰身才吻合完美。在外衣的部分，會在上衣前腰處與裙子的交會點的結構上，刻意將上衣部分向下拉長，讓前腰線下移，而且還經常以尖細的三角形作下部收尾，這種服裝的構成讓視覺產生細腰的效果。在內著部分，穿著緊身束腹的習慣仍舊沒有中斷，當然穿著緊身束腹不僅是為了要束腰與束腹，還同時藉此提高乳房讓胸部上移。

十七世紀女性穿著緊身束衣普及的程度，我們從當時兩歲的小女孩就開始穿著緊身內衣，用以支撐身體，防止發育過程中骨骼長歪，並控制腰圍的情形就可見一斑。

至於針對緊身束衣款式資訊的傳播，其實早在 1693 年就已有期刊，出現關於緊身胸衣樣式的建議，這也讓女性穿著緊身束衣的情形，在當時的社會有了更加普及的發展。

1630 年的一幅肖像畫。到了 1630
年代「誇張領」已被視為是一種過
時的款式，而露出斜肩則開始成為
一種新的風貌。

大約是 1630 年代的一幅肖像
畫。可以看出女子胸前有一
片「束腰片」（Pair of stays）
向下拉長與衣服分離的情形。

1632 年的一幅肖像畫。領型款式趨勢的改變，加上新款的「大型圓球袖」出現了，讓女性上半身的輪廓形成狀如「圓球」的造型。

1641 年的一幅肖像畫。這時女子上半身「時代的輪廓」，以「菱形」造型為代表。

1643 年的一幅肖像畫。由於此時強調「斜肩」，加上纖細的腰身，讓女子上半身的外圍輪廓，呈現出明顯的「菱形」造型。

1632 年的一幅肖像畫。「站立式硬的挺領」在 1630 年代很快消逝，取而代之的是「服貼於領口的大片翻領」，由於服飾上半部款式的改變，加上新款「大型圓球袖」的出現，讓女性上半身的輪廓形成狀如「圓球」的造型。

1650 年的一幅肖像畫。從 1930 年代女性開始展露肩膀，到了 1650 年代女性更進一步，將展露的部分向下來到肩膀，這讓女子小露香肩的發展又向前邁了一大步。

1652 年的一幅肖像畫。當時認為女性最美的線條就是在肩部。

1652 年的一幅肖像畫。除了有相當明顯的「落肩」之外，女子上衣的前中心線向下拉長，並形成尖細的造型。

一幅 1653 年西班牙公主瑪麗亞・特蕾莎（Maria Theresa, 1638-1683）的肖像畫。瑪麗亞・特蕾莎內著「馱籃式裙撐」（Pannier）。

1654 年的一幅油畫。右邊女子上衣的前中心線向下拉長，尾端呈圓弧的造型。

1659 年的一幅肖像油畫。內著「駄籃式裙撐」，
而造成裙子「前後扁、左右寬」的誇張造型。下
半身外型輪廓如「立體的扁梯形」。

1663 年的一幅人像畫。由於為了讓領口有更多面積
的裸露，這使得當時女性服飾的上衣結構出現向下
挪移的情形，這著實改變了女裝整體的輪廓線。

1655 年的一幅人像畫。當時認為女
性肩部的裸露是一種時尚美的象徵。

大約是 1660 年一幅兩位女子的肖像畫。兩位女子領口大幅下降敞開讓胸部裸露，
這種情形與上個世紀領口的形體美，形成強烈的對比。

1665 年的一幅肖像油畫。女子整體輪廓
形成如「正三角形」的誇張造型。

1670 年代的一幅肖像油畫。透過衣服的結構讓女子的腰身看起來
更加的纖細。

1667 年的一幅人像油畫。除了看
出女子上身胸部的緊實之外，也看
到上衣結構向下挪移的情形。

1670 年的一幅肖像畫。女子整體
輪廓形成如「正三角形」的誇張
造型。

1670 年的一幅肖像油畫。兩位女子
的腰身相當纖細，胸部形成銳角三
角形的輪廓。

1680 年的一幅肖像油畫。女子領口胸膛有大面積的
裸露。

一幅 1695 年索夫雷的安妮（Anne de
Souvré, 1646-1715）的油畫。索夫雷
的安妮穿著當時新時尚的款式，可以
明顯看出「落肩」的情形已消逝，側
面輪廓來看形成「直角三角形」。

一幅大約是 1698 年法國馬伊伯爵夫人
（La Comtesse de Mailly）的畫像。馬伊伯
爵夫人穿著代表十七世紀 90 年代新款的
服飾。

到了十七世紀後期（約從 1680 年代開始之後），
法國女性在服飾款式上又出現大幅的改變，例如
出現強調裙子背後線條的突出；以及後裙襬的拖
曳，這都牽動了女性輪廓的變化，若從側面來看，
形成「直角三角形」的輪廓。

Chapter

4

十八世紀

法國大革命之前

　　在法國大革命之前的十八世紀，服裝風格被稱之為「洛可可風格」
（Rococo style）。所謂的「洛可可」（Rococo）是繼十七世紀巴洛克
之後，源起於法國的一種藝術風格，這項被視為是法國品味的風情，形
成之後便快速蔓延到整個歐洲，成為當時西方世界藝術與審美的主流。
「Rococo」這個字是從法文「Rocaille」和「Coquilles」合併而來（Rocaille
是一種混合貝殼與小石子製成的室內裝飾物，而 Coquilles 則是指貝
殼）。其原意是指：「強調一種 C 形螺旋狀的花紋，以及反曲線的裝飾
造型。」不過洛可可風格所帶來更深層的意義，並非只是單純的視覺性
裝飾造型，它更進一步衍生出「帶動當時歐洲社會享樂、奢華；以及強
調愛慾交織的風氣」之意涵。這個時代的穿著時尚也迎合這種氛圍，展
現了歐洲服裝有史以來最為奢華、誇張與華麗的頂峰。這種強調纖巧、

1740 年代一整套當時的女裝。中斷一時的
「馱籃式裙撐」（Pannier）於本世紀的 40
年代之後又開始在全歐洲風行。

1729 年的一幅肖像油畫。兩位女子胸前都各有一片三角裝飾片。

1739 年的一幅肖像油畫。女子「低的方形領」，取代之前盛極一時的「平領」。

精美、浮華、繁瑣的時尚風格，在法國剛好是路易十五（Louis XV, 1710-1774）與路易十六（Louis XVI, 1754-1793）的年代。當時從宮廷到貴族的上流社會，每個人都熱切想藉由服裝來彰顯自己的分量，這也讓此時服飾工藝的細緻與考究達到最顛峰的極致。

在女姓服飾穿著方面，就展露身體重點部位而言，這個時期女性相較於前有著非常明顯的改變，那就是上個世紀因強調「露肩膀」所形成的「平領」漸趨消逝，取而代之的是「低的方形領」，這也意味女性裸露的「性感美」，由之前的「露肩膀」轉而「露胸膛」的發展。

原本在十七世紀僅為西班牙籍女性所專屬的「馱籃式裙撐」（Pannier），但是到了這個世紀的 40 年代之後，則擴大普及於歐洲其他的國家，「馱籃式裙撐」自此儼然成為法國大革命之前，歐洲宮廷貴族女性穿著最尊貴的標準配備了。雖然十七與十八世紀都出現「馱籃式裙撐」，但若仔細比較兩個世紀穿著後形成的輪廓，就會發現還是有些微的差異。十七世紀的裙形輪廓較單一，而十八世紀的裙形輪廓則較多樣（例如還出現正方形、長方形、梯形）。

15世紀之前　15到16世紀　17世紀　　18世紀　　19世紀　　20到21世紀

1717 年的一幅肖像油畫。
女子胸前有一片精緻的三角裝飾片。

　　當然，法國大革命之前女性整體形象的誇張，還不僅僅只有裙形而已，在 1770 年代髮型與 1780 年代帽子的造型款式，其誇張的程度也是史無前例，這也使得男女兩者體態輪廓出現「女性寬大、男性瘦小」的有趣對比。綜觀此時女性整體的輪廓，大體而言是由「鈍的三角形」轉為「巨大的正三角形」的發展。

　　在說到此時女性內著緊身束衣時，一定也要介紹一款雖然是扮演外衣的角色，但確能協助緊身效果的「三角型胸前飾片」（Stomacher）。由於當時女性上衣款式前面多為敞開，穿著上衣時胸前位置必須要再外加一片「V 形三角的飾片」，而且這片飾片的兩邊，還要與上衣的兩側一起加以固定，由於固定時會拉緊，無形當中就達到束腹與束腰的效果。

大約是 1744 年瑞典皇后普魯士的路易莎．烏爾麗卡（Louisa Ulrika of Prussia, 1720-1782）的一幅肖像畫。路易莎．烏爾麗卡內著「馱籃式裙撐」。

1. 大約是 1749 年瑞典一幅人物肖像畫。女子胸前三角裝飾片上面有大朵緞帶蝴
   蝶結的裝飾。

2. 1754 年的一幅肖像畫。女子內穿「馱籃式裙撐」的坐姿。

3. 1755 年一幅法國龐巴杜夫人（Madame de Pompadour, 1721-1764）的肖像畫。
   龐巴杜夫人胸前有三角裝飾片。

4. 1759 年法國龐巴杜夫人的一幅肖像畫。龐巴杜夫人胸前三角裝飾片，上面有
   大量緞帶蝴蝶結的裝飾，這是當時代表時尚的一種風格。

大約是 1760 年的一幅油畫。可看到女子內穿「緊身束腹」的樣貌。

1761 年的一幅油畫。當時胸前三角裝飾片的顏色，刻意與上衣的顏色，形成出強烈的差異化。

1761 年英國國王喬治三世（George III, 1738-1820）的妻子梅克倫堡・斯普林茨的夏洛特女公爵（Charlotte of Mecklenburg-Strelitz, 1744-1818）的一幅人像畫。胸前三角裝飾片讓腰身看起來顯得非常纖細。

1763 年的一幅油畫。可看到女子的領口是「低的方形領」。

1763 年的一幅油畫。大型荷葉邊袖是本世紀服裝一大特色，它讓女性的袖子更顯飄逸與輕柔。

1770 年代的一幅油畫。
1770 年代歐洲首度開始流行誇張的髮型。

一幅 1778 年 法國國王路易
十 六（ Louis XVI, 1754-1793 ）
妻子瑪麗・安托瓦內特（ Marie
Antoinette, 1755-1793 ）的肖像
畫。瑪麗・安托瓦內特透過
服飾呈現出巨大的身影。下半
身外型輪廓如「扁長方形」。

一幅 1785 年瑪麗 · 安托瓦內特
（Marie Antoinette, 1755-1793）與孩子的人像畫。
瑪麗 · 安托瓦內特誇張的髮型，讓輪廓變得相當龐大。

一幅 1787 年的人物油畫。本世紀 80 年代開始誇張的帽子成為新的時尚重點。

十八世紀的一件束腹。

一幅代表十八世紀女性穿著緊身束腹的畫面。

一幅描述 1770 年代女性穿著束腹時，由別人幫忙拉緊繩帶的有趣畫面。

一幅描述 1770 年代女性透過穿著束腹來勒緊腰身的漫畫。

1700 年代至 1750 年代期間的一片「三角型胸前飾片」（Stomacher）。

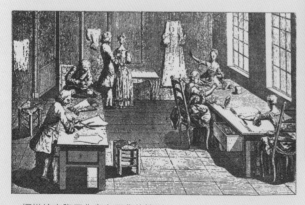

一幅描繪束腹工作室在工作的情形。

1730 年代至 1740 年代的一件束腹。

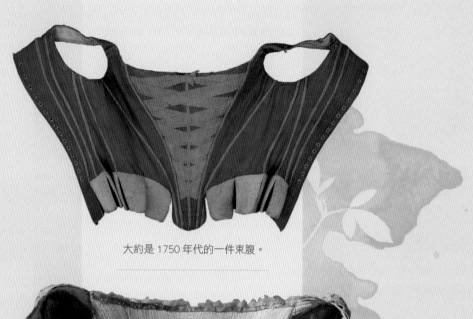

大約是 1750 年代的一件束腹。

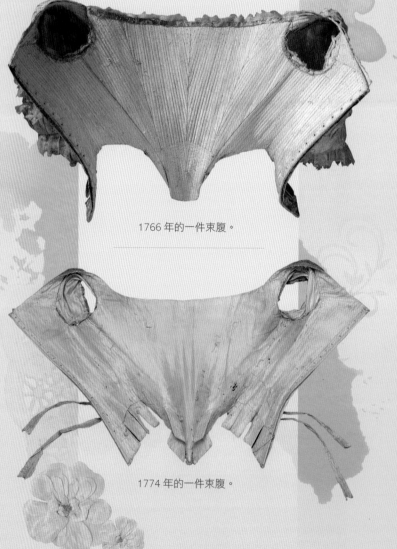

1766 年的一件束腹。

1774 年的一件束腹。

法國大革命之後

在法國大革命之後，歐洲服飾審美價值出現重大的變化，興起了「捨棄奢華矯飾、回歸簡單淡雅」的「新古典主義風格」。

此時男士主要的形象，是以一種挺拔的氣概一改之前的陰柔嬌弱，而為了形塑這種挺拔的形體印象，輪廓出現向上拉長的發展。

至於女士服飾的穿著以及外觀的形象，也同樣在法國大革命之後出現快速與巨大的改變。法國大革命剛結束後的 1790 年代是處於轉折期，從女性穿著款式讓我們看到，「過往舊時代」與「邁向新時代」混合的狀態。

女性在新的款式與穿著模式中，裙撐架首當其衝從女性身上移除，而原本講究繁複的手工刺繡也被簡單素色的面料所取代。衣袖首度出現短袖，腰身向上移呈現高腰的線條。

就內著式緊身束腹的發展而言，束腹款式這時也調整變短，而且還出現「托胸半罩杯」的短版款式。由於這時已不強調腰部的纖細輪廓，甚至還出現女性就乾脆不穿緊身束衣的情形。種種的現象，都讓束腹從十六世紀發展以來固定式的一致性，出現了重大的變化。

一幅 1793 年的人像畫。法國大革命剛結束後的 1790 年代是處於轉折期，從女性穿著款式讓我們看到，「過往舊時代」與「邁向新時代」混合的一種狀態。

左邊情侶穿著代表 1793 年的款式，右邊情侶則穿著代表 1778 年的款式。兩組相互對照，
顯示這 15 年以來，法國服飾款式、審美及輪廓所形成的巨大變化。

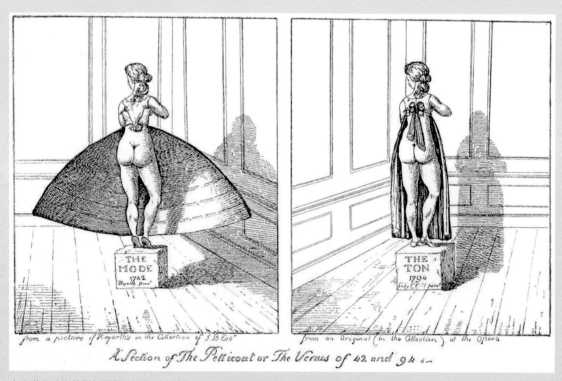

十八世紀時尚剪影剖面圖的比較。左邊是 1742 年的時尚輪廓，右邊則是 1794 年時尚剪影。

TOO MUCH and TOO LITTLE
or Summer Cloathing for 1556 & 1796

1796 年一幅名為 *Toomuch-1556 Toolittle-1796* 的諷刺漫畫。左邊為 1556 年舊式的服裝風格，
右邊為 1796 年新式的風格，兩種穿著風格相互比較，形成「太多與太少」的強烈對比。

1796 年的一幅畫作。法國大革命結束後的
1790 年代，女性服飾快速從華麗轉為平淡。

這幅 1795 年的漫畫，畫面描繪當時男女輪廓的特徵。

一幅大約是 1798 年的肖像畫。這時的穿著相
較於法國大革命之前顯得相當單薄。

1799 年 11 月 24 日的一幅諷刺漫畫。畫中描
述當時巴黎冬季的女性時尚穿著，如此的單
薄透明的服裝要如何避風寒？

一幅 1788 年至 1789 年的肖像畫。這時已不強調腰部的纖細，
輪廓形成長條狀的線條。

5

十九世紀

1800-1810年代

　　這時期女性服飾穿著與形象造型，延續「新古典主義風格」的模式，高腰讓女性胸型更加的突顯，這也是「新古典主義風格」中，展現女性體態美最性感的焦點所在。至於 1800 年代女性輪廓，則是以「長方形」為主。

　　在 1810 年代中期之後，女性服飾穿著出現細微的變化，例如下襬開始出現裝飾性的變化；以及細長的長袖開始出現，並逐漸取代過去短袖一枝獨秀的局面。而原本因「低領款式」所出現的胸前袒露，開始轉為收斂，不再過度裸露胸部。至於輪廓也由「長方形」轉為「銳角三角形」。

1804 年的一幅肖像畫。相較於法國大革命之前女性輪廓特別強調胸部的突出。

1804 年的一幅肖像畫。女子的「高腰」與「低的方形領」，是此時服飾款式與造型的兩大重點。

1805 年的一幅肖像畫。
從視覺的角度來看，女性上半身變得相當短。

1807 年的一幅半身肖像畫。女性輪廓特別強調胸部的突出。

15世紀之前　15到16世紀　17世紀　　18世紀　　19世紀　　20到21世紀

1807 年 的 一 幅 肖 像
畫。由於此時特別強
調女子的「高腰」，
這讓女性上半身的比
例變得相當的短。

1809 年 的 一 幅 肖 像 畫。
1800 年代的女裝是以「新古
典主義風格」為代表。

1808 年的一幅肖像畫。
由於此時女子不強調「纖
細腰身」，所以女子的腰
部就顯得相當豐腴。整體
外型輪廓如長條狀的「長
方形」。

1810 年的一幅諷刺版畫。這幅名為
The Graces in a High Wind 的漫畫，
調侃當時女性的服飾穿著，是無法
在狂風下保持優雅的。

1813 年的一幅半身肖像
畫。在 1810 年代女性輪
廓還是強調胸部的突出。

1809 年的一幅畫作。
1800 年代女性輪廓是
以「長方形」為主。

1810 年的一幅畫作。當
時女裝的「新古典主義
風格」，是以古代希臘
與羅馬的服飾為藍圖，
強調的是一種以「自然
簡單」為主的美感精神。

1 | 3
2 |

1. 1814 年的一幅肖像畫。到了 1810 年代中期「細長的長袖」開始出現，並取代稍早之前「短袖」一枝獨秀的局面。

2. 1815 年的一幅畫作。到了 1810 年代中期之後，女性整體外型輪廓也由「長方形」轉為「銳角三角形」。整體外型輪廓如「雙銳角三角形組合」。

3. 1818 年的一幅油畫。在 1810 年代中期之後，女性長袍的下襬相較於前更重視裝飾。

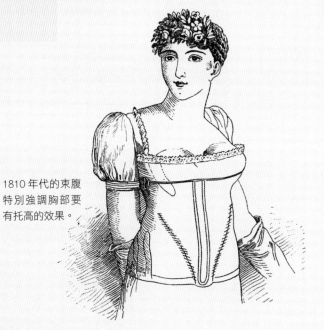

1810 年代的束腹特別強調胸部要有托高的效果。

1810 年代束腹的長度，相較於法國大革命之前十八世紀的款式，明顯變短許多。

1820 年的一幅諷刺漫畫。諷刺當時強調緊身細腰所帶來的危險，強風一來把腰都吹斷了。（原始資料來源 John Johnson Collection, Bodleian Library, University of Oxford，原作者不詳）

1824 年的一幅時尚畫。除看到「羊腿袖」的出現，也看到當時下身呈「銳角三角形」輪廓的樣貌。

1820-1830年代

到了 1820 年代，女性服裝結束了「新古典主義風格」的款式，轉為「前維多利亞風格」（Pre-Victorian style），這意味著強調「平實與單純」的審美觀就此告一段落，轉而朝向「華麗與裝飾」的特色發展。例如，女袍下襬出現相當華麗的皺摺裝飾。領型又恢復「平肩、落肩」的款式，而且首次出現新款式的羊腿袖。女帽一改之前的樣式，而出現既誇張、寬大又有大量豐富的裝飾的款式。在腰身部分由之前的「高腰」回到正常的位置，並強調纖細的腰身。整體輪廓像個「8」的樣貌。

基本上 1830 年代的時尚是延續 1820 年代的風格，不過仔細分析會發現，1830 年代的裙子輪廓相較於 1820 年代，明顯變寬許多。另外，整體輪廓雖然 1830 年代延續之前「8」字的樣貌，但已從「窄瘦」的型態轉變成「寬胖」的型態。

說到緊身束衣的發展，1828 年左右發明了「金屬孔眼」（Metal eyelets），它有別於之前是直接在面料上開眼孔。這種新發明不但能更加強化固定時的堅牢度，當用力拉扯時也不易撕裂，而且也讓穿著時能被勒得更緊，讓腰身變得更細。其實這項發明，還連帶讓緊身束腹款式出現了新局面的發展，那就是緊身束腹的結構，可以不必一定要有「肩帶」，因為有了這項發明，穿著沒有肩帶款式的緊身束腹，在活動時也不會向下滑動，這讓女性可以安心展露香肩。

　　另外,「向上托胸半罩杯式」緊身束腹的款式,到了 1830 年代相當普及,甚至成為當時的主流。1830 年代「鋼拼板金屬緊固件」(Steel split-metal busk fastenings)的這項發明,讓日後女性在穿著束腹又有了新的提升。

　　在 1830 年代,從刊物雜誌中也能學習到有關束腹的知識,例如在 1838 年的 *The Workwoman's Guide*(《女工作指南》),就出現一篇有關指導個人如何從一件購買到的束腹商品,取其版型之後再以套用的方式來製作出束腹的專文。另外從 1830 年開始,女性雜誌 *Godey's Ladies*(《歌迪的女士》)也偶爾會在出版物中出現束腹版型模式,讓婦女可作為製作時的參考。

1825 年的一幅油畫。女子的穿著已脫離「新古典主義風格」的款式。

1826 年的一幅時尚畫。整體輪廓像個「瘦形 8 字」的樣貌。

Newest Fashions for May 1829
Morning & Evening Dresses.

W. Alais Sc

1829 年的一幅時尚畫。「平肩、落肩」的領型款式，以及誇張的羊腿袖，再加上帽子是
寬大又富有裝飾的款式，形成出與 1810 年代截然不同的輪廓。

1826 年的一幅時尚畫。整體
輪廓像個「瘦形 8 字」的樣貌。

1830 年的一幅時尚畫。1830 年代裙子的
輪廓相較於 1820 年代明顯變寬許多。整體
外型輪廓如「胖形 8 字」。

大約是 1830 年的一幅諷刺漫畫。這幅名為
Waist and Extravagance 的漫畫，諷刺當時時
尚對女性腰部的要求，強調要非常細小，甚
至要到了幾乎沒有的地步，不過對其他部位
的要求，則剛好是相反，強調既要多又要豐
富，尤其是對裝飾更是到了揮霍無度。

1832 年的一幅時尚畫。顯
示 1830 年代當時整體的輪
廓是「上下皆寬」的型態。

1830 年到 1835 年女性的服飾穿著。
可清楚分別看出女性「外在」與「內在」穿著的狀態。

1　3
2　4

1. 1833 年的一幅時尚畫。顯示在 1830 年代當時整體輪廓，雖然延續之前「8」字的樣貌，
　 但已從「窄瘦」的型態轉變成「寬胖」的型態。

2. 一幅 1837 年的時尚畫。1830 年代所流行的「平肩、落肩」領，不禁讓我們又回到
　 十七世紀女裝的時代裡，看到當時領型一樣的身影，這也驗證了時尚的「循環理論」。

3. 一幅 1838 年的時尚畫。這幅時尚畫顯示 1830 年代的流行重點，就是強調要有「過量
　 的裝飾」，如此才符合時尚美。

4. 1835 年女性穿著束腹的情形。

1840年代

這個時期開啟了女裝進入「維多利亞風格」（Victorian style）的時代。此時 1840 年代女裝款式的領型，除延續之前「落肩平領」之外，也出現「落肩 V 領」，至於女裝最顯著的變化，那就是「羊腿袖」的款式被「細長窄袖」所取代；以及在外裙的裡面加穿「多件式的襯裙」，讓裙子變得更加蓬鬆，裙型形成「炮彈頭」的輪廓。當然，先前 1830 年代女性整體外觀輪廓的「8」字型態，也就此結束。

一幅 1841 年的時尚畫。1840 年代相較於 1830 年裙子的寬度變得更加寬蓬。

1 ┤ 2
  └ 3

1. 大約是 1841 年一幅比利時皇后奧爾良的
   路易絲・瑪麗（Louise Marie van Orlans,
   1812-1850）肖像畫。路易絲・瑪麗的
   服飾穿著是當時時尚的代表。下半身外
   型輪廓如「炮彈頭」。

2. 一幅 1844 年的時尚畫。當時所流行的
   「細長窄袖」取代了「羊腿袖」的款式。
   這使得輪廓出現與 1830 年代不同的變
   化。

3. 一幅 1848 年的時尚畫。很明顯領型是「落
   肩 V 形領」的款式。

一幅 1849 年的時尚畫。當時女性
下半身的輪廓形成「炮彈頭」的
造型。

一幅描述 1841 年正
在穿著束腹的油畫。

1851 年的一幅時尚畫。這時裙子的款
式與 1840 年代不同之處，就是裙子流
行有層次感的造型。

1850年代

　　在服飾方面特別是裙子的款式，此時出現與 1840 年代不同的改變，這項改變就是裙子開始流行起具層次造型的樣式，俗稱「蛋糕裙」。

　　1850 年代女性服飾穿著，開始進入到「裙撐架」（Crinolline）的時代。因為穿上了裙撐架，所以女性下半身的體積，相較於前變得更加龐大，當穿上服裝之後，腰部以下的下半部，從整體來看像是個「立體半圓」，所以說「立體半圓」，就是這時期女性輪廓最搶眼的重點特色。至於女性服飾上半身外型則形成「圓形」的輪廓。

這是一幅諷刺漫畫，嘲笑在 1850 年代如果女士們要能夠進食或飲用，
則必須請男士使用長柄托盤，藉此諷刺當時時尚流行寬蓬裙誇張的情形。

1851 年的一幅油畫。
1850 年代「落肩 V 領」的款式延續自 1840 年代。

1852 年的一幅油畫。
在 1850 年代隨著時間的進展，
裙子也會變得更加的寬蓬。

緊身束腹的這項產業，能瞬間突飛猛進表現得如此蓬勃，其實是深受以下兩項因素的影響所致：

其一是，機器生產的崛起。由於「勝家縫紉機」（Singer sewing machines）的出現（艾薩克‧梅里瑟‧勝家，Isaac Merritt Singer，1811-1875。他於 1851 年發明了縫紉機，並於同年 8 月 12 日創立勝家縫紉機公司），讓緊身束腹的製作從手縫進入到機縫的時代，這才使得緊身束腹的製造，能有條件進入到工業化大量生產的階段。

所以說，從十九世紀 50 年代開始，在機器的帶動下，緊身束腹的生產數量大幅的增加，當數量提高之後價格也跟著變得低廉，為了因應市場的競爭，束腹業者於是開始卯足力氣推出更多樣的款式以求生存。

其二是，傳媒資訊的暢通。由於當時報紙期刊的流通性與普及率都有明顯的成長，加上報紙期刊的價格也較過往變得更加低廉，就在這些因素的驅使之下，一些束腹製造商開始想到藉由報紙期刊中廣告的這項媒介平臺，來為自家產品做宣傳，以獲取消費市場的能見度。由於束腹廣告與資訊大量又頻繁出現在報紙與刊物，這使得社會大眾對束腹的新知，有了更多接觸的機會與了解。

1853 年一幅法國德布羅意公主（Princesse de Broglie, 1825-1860）的肖像畫。德布羅意公主穿著藍色絲綢晚禮服，精緻的蕾絲和絲帶裝飾。她的頭髮上覆蓋著一個純粹的褶邊，配上藍色絲帶結。而內穿裙撐讓裙子顯得相當的寬篷。

1853 年的一幅肖像畫。女子上衣「落肩 V 領」是當時流行代表的款式。

一幅 1855 年描繪法蘭西第二共和國總統及法蘭西第二帝國皇帝拿
破崙三世（Napoleon III, 1808-1873）妻子歐仁妮皇后（Eugénie de
Montijo, 1826-1920）的油畫。歐仁妮皇后她在眾多女子的環繞下坐
在花園，可清楚看出當時 1850 年代中期，女性輪廓下身呈現「立
體半圓」的重點特色。

大約是 1855 年時的女裝。因為穿上了裙撐架，所以女性下半身的體積，相較於 1840 年代變得更寬蓬許多。下半身外型輪廓如「立體半圓」。

"ARABELLA MARIA. "Only to think, Julia dear, that our Mothers wore such ridiculous fashions as these!"
BOTH. "Ha! ha! ha! ha!"

1857 年 7 月 11 日發行於 *Harper's Weekly*（紐約）的一諷刺漫畫，標題上有一段對話：「阿拉貝拉・瑪麗亞：『你想一想。親愛的茱麗亞，那是我們母親當時所穿著可笑的時尚！』兩人一起：『哈！哈！哈！哈！』」這顯示十九世紀初與十九世紀 50 年代，服裝款式風格與輪廓有相當大差異的改變。

1857 年出現在 *Godey's Lady's Book* 中的一款女裝，*Godey's Lady's Book* 是 1830 年至 1878 年間於費城出版的一份美國婦女雜誌，這份雜誌內容也提供女性有關衣裝資訊的需求。可看出這款上衣強調小腰身，整體外圍輪廓如同「圓球狀」。

1857 年 *Punch* 口袋書中的一幅
漫畫，漫畫描繪一名女僕正在
替襯裙充氣，以便讓女主人能
穿上這款可充氣的裙撐架，減
輕穿著裙撐的麻煩。

1854 年由羅克西‧安‧
卡普蘭（Roxey Ann Caplin）
以「健康和美麗」（Health
and Beauty）為主題所推出
的一款束腹，該款設計是
按照人體的自然形態所製
造的。

在 1850 年代談論束腹的發展時，就不能忽略一定要提及影響束腹發展的關鍵人物羅克西・安・卡普蘭（Roxey Ann Caplin, 1793-1888）。出生於加拿大的這位英國籍作家也是發明家的傑出女性，從 1839 年開始從事束腹的製造，而她最大的成就，就是在 1851 年英國所舉辦的「英國萬國博覽會」（Great Exhibition of the Works of Industry of all Nations），推出強調「兼顧健康與美麗」一系列的改良版束腹，她的這一系列創新發明，並榮獲大會所頒贈的「製造商、設計師和發明家」（Manufacturer, Designer and Inventor）獎章，以表彰她的貢獻與殊榮。羅克西・安・卡普蘭的這一系列新款束腹，將健康因素作為重要的考量，她精湛的設計發明，改變了一般人長期以來認為束腹是有礙健康的疑慮，她的創新為日後束腹的製造商帶來重要的啟發。

1 | 2 | 3　1.1859 年美國的一項塑身衣專利 Uspatent22532 1859（側面示意圖）。

2.1859 年美國的一項塑身衣專利 Uspatent22532 1859（背後示意圖）。

3.1859 年美國的一項塑身衣專利 Uspatent22532 1859（正面示意圖）。

1860年代

大約是從 1862 年之後,「裙撐架」(Crinolline)款式的發展出現重大的變化,那就是俗稱「平坦式裙撐」(Flat-fronted crinoline)的新款裙撐架,取代之前形如「立體半圓」造型的款式。新款的裙撐架相較於前,最大不同之處就在前面的部分變為平坦,也因為穿上這種裙撐,讓女性下身輪廓的前面趨向扁平(臀部則仍保持突出的造型)。若從女性側面的外觀輪廓來看,下半部的形狀似如「四分之一圓」。

到了 1860 年後期,由於女性上半部服裝變得相當緊繃,這也讓女性從側面整體外觀輪廓來看,猶如「直角三角形」的形狀。

1860 年代女性的束腹款式,在設計上出現一項重大的改變,就是在束腹前面出現固定式的扣環。這種結構上的大突破,讓穿著者可以更方便自行的穿脫,不再需要依靠別人從後面拉緊繩子綑綁的協助,這對女性穿著束腹普及率的提升有相當大的助益。

LITERARY REUNION IN MR. MUDIE'S NEW HALL.

1860 年 12 月 29 日的《倫敦新聞畫報》插畫。倫敦新牛津街 Mudies 新禮堂的團聚,可以看出女性由於裙撐架款式的改變形成與 1850 年代不一樣的輪廓線條。(畫者不詳)

1862 年一幅表徵維也納流行的時尚畫。由於當時女性外型輪廓流行巨大的蓬裙，
這也使得女士在社交場合無法近距離親密的交談。

1864 年巴黎的一幅時尚畫。女性下身
輪廓前面扁平臀部突出，其狀似「四
分之一圓」。

1865 年的一幅油畫。寬蓬巨大的裙型是當時女性流行的重點。

伊莉莎白 · 亞美莉 · 歐仁妮皇后（Elisabeth Amalie Eugenie, 1837-1898）在 1865 年的一幅肖像畫。伊莉莎白皇后是奧地利皇帝兼匈牙利國王；同時也是奧匈帝國締造者和第一位皇帝弗朗茨 · 約瑟夫一世（Franz Josef I, 1830-1916）的妻子。從側面的外觀輪廓來看，下半部其狀似「四分之一圓」。

1868 年的一幅時尚畫。到了 1860 年後期，由於女性上半部服裝變得相當緊繃，這也讓女性從側面輪廓來看，猶如「直角三角形」的形狀。

1869 年的一幅時尚畫。顯示女性側面呈「直角三角形」輪廓。

The Englishwoman's Domestic Magazine   SEPTEMBER 1.1869

THE FASHIONS

1869 年的一幅時尚畫。顯示女性更強化臀部突出的輪廓。

1.1865 年的一款裙撐架。

2.大約是 1865 年的一款裙撐架。

3.1868 年美國一家賣女性內著服飾所刊登的廣告。

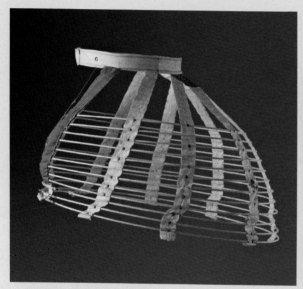

BOSTON CORSET SKIRT CO.,
179 COURT STREET,
Nearly opposite the Revere House,   BOSTON,
Manufacturers of the Celebrated Patented
Bonne Mode and other Hoop Skirts.
Madam LeFavor's Perfect Fitting
BONE-SHIELDED CORSETS,
American and Imported Corsets,
MADAM FOY'S
CORSET SKIRT SUPPORTERS,
MRS. MOODY'S ABDOMINAL CORSETS,
AND ALL KINDS OF SKIRT MATERIALS.

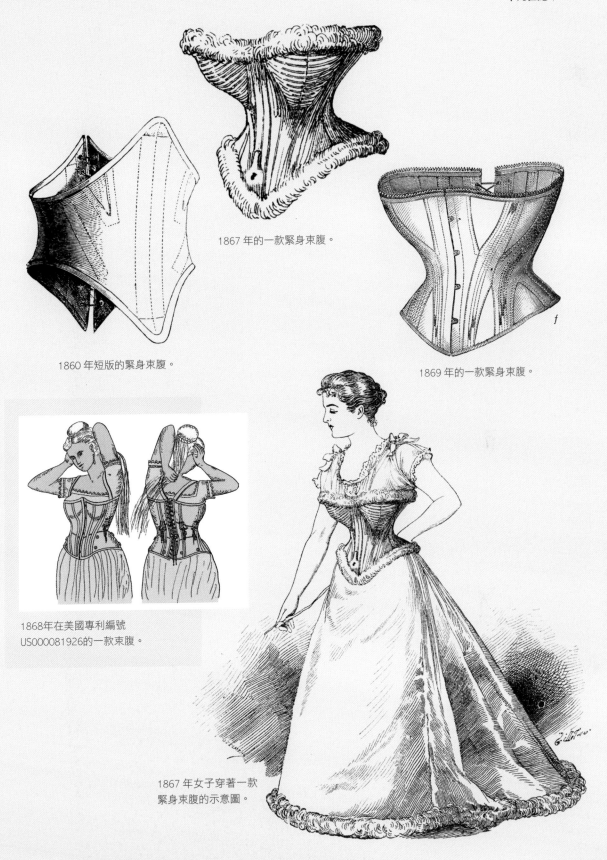

1867 年的一款緊身束腹。

1860 年短版的緊身束腹。

1869 年的一款緊身束腹。

1868年在美國專利編號
US000081926的一款束腹。

1867 年女子穿著一款
緊身束腹的示意圖。

1870 年的一幅時尚畫。內穿臀墊所
呈現臀部突出的輪廓。

1870年代

女性「腹部平坦、臀部突出」的外觀輪廓特色，到
了 1870 年代初期依舊延續。但是大約從 1875 年開始，
女性輪廓又有了新的改變，由於受到「平坦式裙撐」
（Flat-fronted crinoline）穿著沒落的影響，加上女裝開
始強調「緊繃貼身」的新型態（這種緊繃狀態從上身延
伸擴及到全身）。所以說，若從正面來看，女性外型整
體輪廓猶如「啞鈴」的造型；但若從側面來看，因為此
時出現能讓裙子背後，撐起豐富裝飾的「軟式臀墊裙撐」
（Soft bustles），加上又有強調「拖曳的裙襬」的出現，
所以這些種種都讓女性側面的輪廓，形成「銳角三角形」
的型態。

當時由於反對穿著束腹的聲浪風起雲湧，這也衝擊
到束腹商品在市場的業績，逼著束腹業者修正他們的產
品。受此影響，束腹知名品牌製造商「華納」（Warner），
就在 1874 推出一款「健康束腹」（Health corset），宣
稱該款束腹可以減少對腹部與胃部的壓迫。這項新款束
腹又為束腹朝健康因素考量的發展再添一例。

另外，在束腹發展史上，還有一項重大的突破，
那就是 1876 年法國人 Féréol Dedieu 發明了「Suspender
garters」（吊襪帶）。這款吊襪帶的出現，在日後也經
常被拿來與束腹相互組合，相連在一起，而成為一體的
款式，讓束腹的功能擴增了一項。

1873 年的一幅油畫。女性外觀輪廓是「腹部平坦、臀部突出」。

1871 年的一幅油畫，顯示女性「腹部平坦、臀部突出」的外觀輪廓特色。

1874 年的一幅油畫。女性外觀輪廓的特色是「腹部平坦、臀部突出」。

LE JOURNAL DES DAMES ET DES DEMOISELLES

1876 年的一幅時尚畫。大約從 1875 年開始，女性輪廓又有了新的改變，由於「平坦式裙撐」（Flat-fronted crinoline）穿著沒落的影響，加上女裝開始強調「緊繃貼身」的新型態（這種緊繃狀態從上身延伸擴及到全身）。所以說，若從正面來看，女性外型整體輪廓猶如「啞鈴」的造型；但若從側面來看，因為此時出現，能讓裙子背後撐起豐富裝飾的「軟式臀墊裙撐」（Soft bustles），加上有又強調「拖曳的裙襬」的出現，這些種種都讓女性側面的輪廓，形成「銳角三角形」的型態。

1876 年的一幅漫畫。從畫中看出女
裝強調從上身延伸擴及到全身「緊繃
貼身」的新型態。

1870 年後期的一幅時尚畫。女性側
面呈「銳角三角形」的輪廓。

1878 年的一幅時尚畫。女性側
面的輪廓，形成「銳角三角形」
的型態。

1870 年後期的一幅時尚畫。女性背後穿著撐起豐富裝飾的「軟式臀墊裙撐」（Soft bustles），
裙襬並強調拖曳的造型。

1870 年代後期的一幅諷刺漫畫。男士
對女士說：「我們一起坐下吧」；女士
回答：「我想要，但我的裁縫師對我說
絕對不行」。藉此諷刺當時女裝強調
「緊繃貼身」到了不可思議的地步。

Veto.

"SHALL we—a—Sit down?"
"I should like to; but my Dressmaker says I mustn't!"

1872 年一款編號 USPatent131840 新款裙撐的美國專利。

THE NEW HUSSAR HESSIANS AND PANTS.

"See, I've dropped my Handkerchief, Captain de Vere!"
"I know you have, Miss Constance. I'm very sorry. I can't Stoop, either!"

1870 年代後期的一幅諷刺漫畫。女子無法彎腰撿手帕，以此嘲笑十九世紀 70 年代後期，女性禮服強調緊身風格的荒謬。

1878 年的一款外出女裝。

1875 年的一幅油畫。顯示女性穿著束
腹的模樣。

1878 年的一幅時尚
畫。女性穿著束腹
的畫面。

1877 年的一幅油畫。畫中顯示女性穿著束腹的樣貌。

1878 年一款編號 USpatent210025 的
美國專利的束腹。

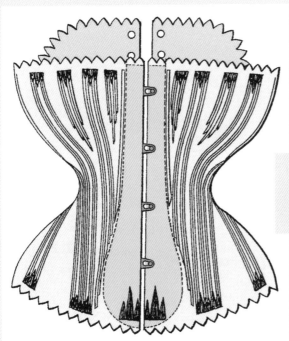

1873 年 編 號 USpatent144921 的 美
國專利。專利為一款束腹上的「杓
狀支撐條」（Spoon busk）。

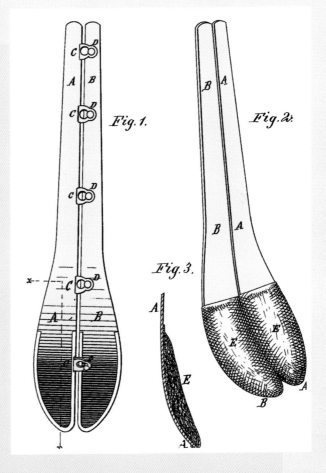

1879年編號USpatent214352的美國專
利。專利為束腹上一款新的「杓狀支
撐條」（Spoon busk）。

1880 年代

1880 年代女性輪廓變化的重點是在臀線的位置。在 1880 年女性外觀輪廓雖然仍延續之前緊身「啞鈴」狀的造型，不過「誇張拖曳的裙襬」則消失不流行了。

大約從 1884 左右開始，進入到俗稱「臀墊流行的第二週期」（The second nineteenth-century bustle period）。換而言之，「臀墊的流行」又回來，而且輪廓相較於前，更強調「臀部的誇張突顯」，甚至還被戲稱是「雞尾造型」（Cocktail style）。而為了達到側身這種「上身三角形，下身方形的組合」的輪廓線條，女性還特別穿著以「Cranfield」或「Lily Langtry」為名稱的臀墊。

此時女性束腹的款式，相較於前變長許多，尤其在下緣的前端處形成尖型。當時為了加強身形的固定，還在束腹的兩胸位置，由上而下施以兩支長鐵片來強化。

La Mode Illustrée, 1880

1880 年的一幅時尚畫。在 1880 年女性外觀輪廓仍延續之前「緊身酒瓶」狀的造型，不過過去盛行的「誇張拖曳裙襬」則消失。

1881 年的一幅時尚畫。1880 年代初期，女性外觀輪廓仍延續之前緊身的「啞鈴」狀造型。

1880 年代初期的一幅時尚畫。
這時與 1870 年代女裝款式最大
的不同，就是女性捨棄「誇張
托曳裙襬」。

1883 年的一幅油畫。女性裙子背後出現
豐富的裝飾。

大約是 1885 年的女裝。由於「臀墊的
流行」又回來，這讓女性又流行起「臀
部誇張突顯」的輪廓。整體外型輪廓則
如「三角形與方形的組合」。

1886 年的時尚畫。「上身三角形，下身方形」的組合，是此時女性輪廓線條的特色。

1887 年亞歷山德拉‧費奧多羅芙娜（Alexandra Feodorovna, 1872 -1918）的人像照。亞歷山德拉‧費奧多羅芙娜是俄羅斯帝國末代沙皇尼古拉二世（1868-1918）的妻子。從這張人像照看到當時外出服的流行款式。

1887 年的時尚畫。女子輪廓線條是由「上身三角形，下身方形」的組合。

1880 年的一幅諷刺漫畫。描述當時新型
態的美感重點，那就是臀部要突出。

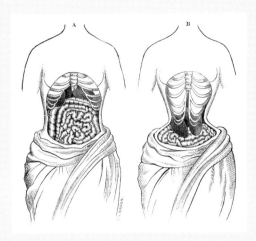

1884 年一幅「自然與緊身對照」的解剖圖。左圖
是內臟的自然位置。右圖是穿上緊身束腹後內臟
變形的樣貌（肝臟和胃已經被迫向下）。藉此提
倡「反對穿著束腹」的論調。

1888 年的時尚畫。顯示當時女子的輪廓線條，流行「上身三角形，下身方形」的組合。

1884 年一幅出現緊身束腹畫面的油畫。

1880 年的一款束腹。

1882 年的一款束腹。

1888 年代一則束
腹商品的廣告。

1882 年的一款束腹。

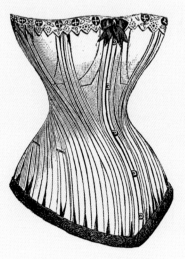

1887 年的一款束腹。

1884 年一款編號
USpatent293969
新款束腹的美國
專利。

1890 年代

　　過往女性盛行內穿裙撐架與臀墊的情形，到了 1890 年代終於結束而告一段落。這時女性的服飾款式出現一些新的改變，例如在袖型部分又恢復了曾經在 1820 至 1830 年代所流行過的「羊腿袖」，以此取代細長貼身的窄袖。另外，此時還出現讓人看起來拘謹嚴肅的「高聳領圍」，這些都是女性外出服新風格的一大特色。

　　由於受到「新藝術運動」（Art Nouveau Movement）風格強調「S」形理想審美價值的影響，女性外觀輪廓也隨之順應調整，由之前的輪廓轉變出現強調「胸部向前突出；腰身纖細彎曲；臀部向後突出」的「S」輪廓造型，稱之為「S-bend style」。

　　此時女性多會穿著呈現「S 形」的束腹，以達到這種「強調細小腰身」與「S 形彎曲」的理想輪廓形象。從側面來看女性的輪廓是呈「S」形，但若是從正面來看女性的輪廓則是呈現「8」字形。

　　女性束腹的款式，相較於前又有變長的趨勢。束腹知名品牌製造商「華納」（Warner），於 1894 所推出的第一款「Rust proof corset」（防鏽束腹），讓束腹款式在材質上又有了新的進展。

1890 年代的一幅時尚畫。受「新藝術運動」（Art Nouveau Movement）強調「S」
形理想審美價值的影響，女性外觀輪廓也隨之順應調整，由之前的輪廓轉變出
現強調「胸部向前突出；腰身彎曲纖細；臀部向後突出」的「S」輪廓造型。

1890 年代的一幅時尚畫。強調「S」
形狀的輪廓造型。

1892 年到 1893 年的一幅時尚畫。當時強調「修長身材」
以及「纖細腰身」的流行風格。

1893 年英國國王喬治五世（George V, 1865-1936）的妻子泰克瑪麗（Mary of Teck, 1867-1953）人像照。泰克瑪麗皇后的腰身展現極為纖細的輪廓。

1. 1894 年的一幅時尚畫。強調「羊腿袖」的造型。

2. 一幅諷刺漫畫。嘲笑當時流行誇張又滑稽的袖型款式。

3. 1895 年一幅人像照。從正面來看女性的輪廓呈現「8」字形。

4. 英國公主威爾斯的莫德（Maud of Wales, 1869-1938）在 1896 年婚禮上的合影照片。可以看出每一位女性都展現出極為纖細的腰身輪廓。

5. 1897 年的一幅時尚畫。展現當時流行的線條與輪廓。

在 1897 年的一幅油畫。
畫中出現女子穿著緊身束腹的畫面。

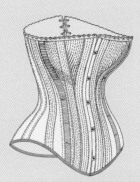

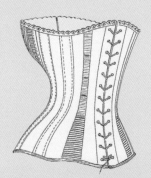

1890 年美國一款編號
USpatent436431 專利的新款
束腹（正面）。

1890 年美國一款編號
USpatent436431 專利的新款
束腹（背面）。

1890 年代的一款束腹。

1890 年代的一款束腹。

大約是 1892 年一則緊身束腹的商品廣告。

1893 年美國一款編號 USpatent501300 專利的新款束腹。

1890 年代的一款束腹。

1897 年的一款束腹。

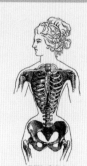

1892 年一則女性穿著緊身胸衣對身體影響的圖示。

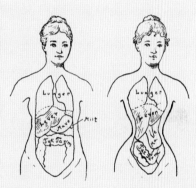

1898 年一幅自然身體與束腹身體比較的插圖。

1898 年針對 12、13 歲的一款束腹（正面與背面）。

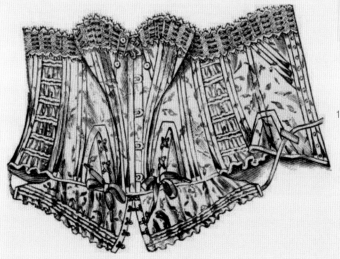

1898 年針對孕婦的一款束腹。

Chapter

6

二十世紀到
二十一世紀

1900年代

延續十九世紀的 90 年代，在二十世紀的一開始，女性依舊受「新藝術運動」（Art Nouveau Movement）設計美學的影響，在體態上也藉用「束腹」的穿著，來形成一種強調「S」形的輪廓美。換而言之，女性就是要塑造出「豐滿乳房、纖細腰身、圓翹臀部」的形體，如此才合乎時尚美的標準。

雖然在 1900 年代時尚界對女性身材的完美理想輪廓，仍以「S」形的曲線為主，但此時也出現首位挑戰這種輪廓線的服裝設計師保羅‧波烈（Paul Poiret，1879-1944）。保羅‧波烈對抗當時女性穿著束腹源自於 1904 年，當時他推出名為「Nouvelle Vague」（新浪潮）的系列設計，這是以「新古典主義」為風格的系列服裝，它最大的重點就是：「女性穿著服飾時不需要再穿束腹。女性時尚的曲線，就是以天然的身形線條，來取代束腹所營造的虛假線條。」保羅‧波烈以解放女性穿著束腹的設計，挑戰當時主流的時尚圈，也引來束腹製造商的緊張與恐慌，束腹製造商還試圖透過一些方式來施壓，希望保羅‧波烈能改變這種設計的想法，但卻被保羅‧波烈斷然的拒絕。

1 | 2

1. 知名藝人海琳‧安娜（Helene Anna Held, 1872-1918）於 1900 年的一幅寫真照，展現「S」的輪廓造型。

2. 1900 年一幅新舊輪廓對比圖。左為舊款；右為新款。

1901 年的一幅時尚畫。強調「胸部
向前突出；腰身彎曲纖細；臀部向
後突出」的「S」輪廓造型。

在 1904 年一位美國製作束腹的製造商 Charles De Bevoise，借用法語中含有時尚特徵的「Brassière」一詞（法語原意為「上臂」），來形容他們所推出的新款胸圍，所以 Charles De Bevoise 也就順理成章，成了「the first brassiere maker」。該產品雖然與其他先前的胸罩款式大致相仿，都是一種類似於「吊帶式的背心」，雖然說這對胸罩的發展似乎並沒有特別的貢獻，但其實它的價值，是引導日後英文以「Bra」這個字眼，作為「胸罩」名稱的確立，而有別於過往以「Bust bodice」或「Bust improvers」一詞的稱呼，這也意味著胸罩的罩杯可以獨立發展，不用再附庸於束腹的系統中，也不再只是作為支撐胸部的輔助功能的角色，它可以完全獨立自成一種款式。

這時女性束腹的款式，相較於前又有變長的趨勢，尤其是向下延伸的發展更加地明顯，而且「吊襪帶」也經常出現在束腹的下襬處，成了束腹一項必備的配件。

15世紀之前　15到16世紀　17世紀　18世紀　19世紀　20到21世紀

大約是 1902 年一幅比安卡・
里昂（Bianca Lyons）的寫真照。
比安卡・里昂穿著緊身束腹展
現「S」的曲線。

1903 年一則新款束腹的廣告。

1903 年的一幅時尚畫。強調「胸
部向前突；腰身纖細彎曲；臀部
向後翹」的「S」輪廓造型。

1904 年的一幅時尚畫。新娘穿著展現「S」線條的時尚
輪廓。

1904 年的一幅時尚畫。女子
呈現「S」線條的輪廓。

1906 年的一幅時尚畫。「苗
條的身材；纖細的腰身」是
當時流行的重點。

1906 年一幅描述在巴黎銷售高級時裝公司 Paquin 的畫面。女性們穿著當時最時髦的衣著。

1908 年一則報紙插圖。從 1908 年開始女性帽子款式從小巧一下
變得相當巨大。

1908 年的一具人體模型。
展示出具有窄臀的形狀，並
且呈現「胸部向前突；腰身
纖細彎曲；臀部向後翹」的
「S」輪廓造型。

1908 年保羅‧波烈（Paul Poiret, 1879-1944）的
時尚畫。服裝設計師保羅‧波烈以「長條狀」輪
廓，挑戰當時主流「S」的輪廓線。

1909 年的一幅時尚畫。從
1908 年之後的時尚輪廓，
出現如同一根「S形水管」
的造型。

1908 年保羅‧波烈（Paul Poiret, 1879-1944）的時尚畫。服裝設計師
保羅‧波烈推出解放女性穿著束腹的設計。

1900 年代一幅有關束腹的巴黎
海報。可看得出束腹長度變長，
向下延伸到臀部。

1909 年的一幅畫作。巨
大的帽子加上「S 形水
管」的外型輪廓，是當
時時尚的重點。

```
  2
1 ─────
  3
```

1. 1900 年代的穿著束腹的樣貌。可看得出此時束腹的特色相較於十九世紀時一般束腹款式，
　 長度變長且向下挪移至臀部。

2. 1900 年代一款束腹的前面。

3. 1900 年代一款束腹的背後。

1901 年短版的絲帶緊身胸衣。

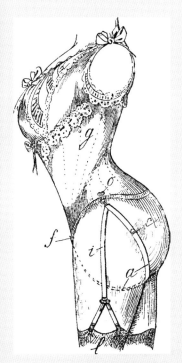

1902 年法國一款專利的束腹插圖。

1902 年的一款束腹。

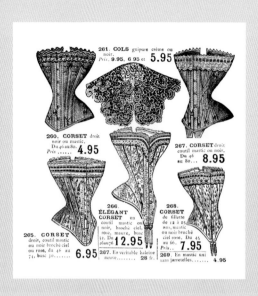

1903 年一則束腹商品廣告。

1904 年一幅穿著束腹情形的插畫。

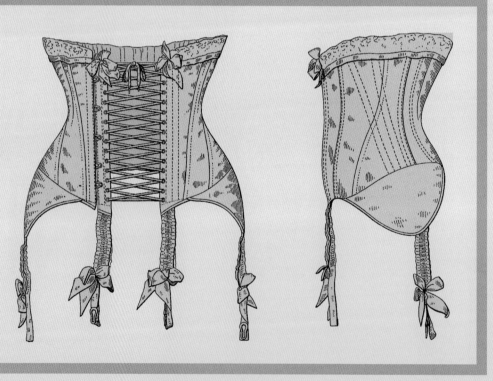

1903 年美國一款編號 USpatent740824 專利的新款束腹。

1905 年一款短版束腹的照片，可看出所
束縛的重點位置是在腰部。

1904 年束腹款式的插畫，可同時看到前後兩面的
樣貌。

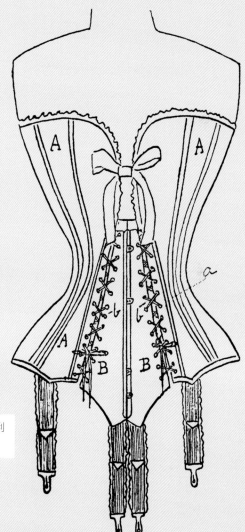

1905 年法國一款專利
的束腹插圖。

1905 年一款含有兩條吊帶的束腹插圖。

1905 年一款作為矯正脊柱側彎，整形外
科用的緊身胸衣插圖。

1906 年法國一款專利的束腹。

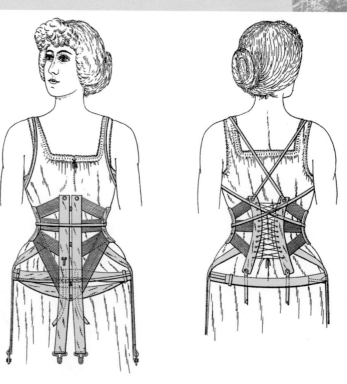

1906 年一則強調能營造出新藝術風格線條的緊身束腹商品宣傳。

1907 年一則緊身束腹的廣告。

1909 年女裝雜誌內一則有關緊身束腹
的廣告。

1909 年一款穿在束腹內的束腰帶插圖。

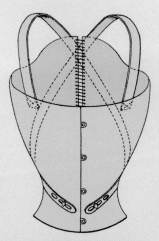

1909 年一款具有長而堅固的肩
帶。此款束腹強調可以將下肋
骨提高。

1909 年 *Punch* 雜誌的一幅諷刺漫畫。這幅以「Slaves of Fashion」（時
尚的奴隸）為標題的漫畫，諷刺當時女性受這些時尚穿著之苦，淪為
時尚的奴隸，其中緊身束腹也名列之一。

1910年代

　　從 1908 年開始女性帽子款式從小巧突然變得相當巨大，似如一個大罩子罩在頭上；加上緊身束腹款式的長度再向下延伸，這讓女性的外型輪廓從之前的「8」字型，改為如同一根「S 形水管」的造型，及俗稱的「S-type pipe」，而這種型態也一直延續到第一次世界大戰爆發之前的 1910 年代。

　　1914 第一次世界大戰的來臨，不僅衝擊到西方女性角色的扮演，也改變了女性服飾穿著的價值與習慣，1914 年至 1918 年的第一次世界大戰，女性紛紛從家庭室內走出到戶外，加入生產的行列，開始從事社會服務的工作，為了方便於行與活動，女性在服裝穿著上有了大幅度的變革，許多的款式與裝飾都瞬間捨去，例如，裙襬的拖曳、輕柔的衣料、裝飾性的蕾絲，以及活動機能性差的結構，這些都一一被揚棄。取而代之的是：裙襬長度變短以能方便於行、布料要能耐用實穿、口袋在服飾上不能少，以及要有好的活動機能。所以說，戰爭所帶來女裝穿著的大翻轉，就是從一切皆是裝飾性轉向功能性的發展來進行調整。

1910 年女性外出服的時尚畫。女性整體外型輪廓呈「S 形水管」的造型。

1910 年代的一張照片。當時女性帽子流行超級巨大的款式，
女性頭上好像頂著一個大罩子在上面。

1911 年法國設計師 Paul
Poire 的服裝設計。他寬
鬆的設計有別於當時主
流的款式。

Evening Gown of Gray Satin Embroidered in Silver Bullion, With Bodice of Silver

1911 年當時所流行的窄裙，
俗稱之「Hobble Skirt」（蹣跚
裙），讓女性腿部輪廓變窄。

大約是 1911 年一位女性以裙上綁
上束帶所形成蹣跚裙的照片，底下
文字寫到「what's that it's the speed-
limit skirt」，意指穿上這款裙子走
起路來速度無法快，所以應該稱它
作「限速裙」。

THE HOBBLE SKIRT.
"WHAT'S THAT? IT'S THE SPEED-LIMIT SKIRT!"

1912 年的一幅時尚畫。展現當時柔美
曲線的時尚風。

1916 年的一幅照片。第一次世界大戰之後，女性自我
意識慢慢抬頭，這種觀念的改變也反映在穿著上。

1915 年的一幅時尚畫。三種款式有別於第一次
世界大戰前的穿著。

大約是 1916 年時尚雜誌內頁的一幅
時尚畫。戰後女性裙襬變短讓女性
方便於行，這也改變了女性服裝的
形體輪廓。

1917 年的一幅照片。第一次世界大戰之後
女裝不再強調纖細的腰身，當然過去強調
「S」形的輪廓美也走入歷史。

1919 年 *Vogue* 雜誌的一幅時尚畫。戰後女性
以「不強調曲線變化、不強調纖細腰身、不
強調拘束線條」的「長條形」輪廓為主。

1919 年的一幅照片。過去女裝所流行
的拖曳裙襬、裝飾性的蕾絲，以及緊繃
的穿著，都一一被剔除。

1919 年的一幅照片。
戰後新時代的女性整體
外型輪廓如「長方形」。

1910 年一幅女子穿著束腹的油畫。

1910 年的一款束腹。女性穿上這款
束腹就能塑造出「纖細的腰身、圓
翹的臀部」的形體美。

1911 年緊身束腹配件的包裝盒。

1910 年的一款束腹。穿上這
款束腹女性就能形塑出「S」
形的輪廓美。

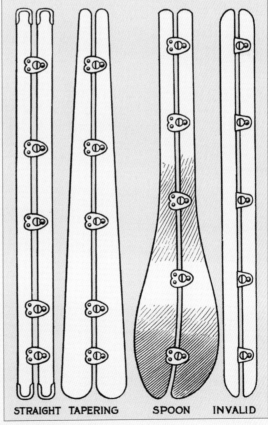

1913 年束腹上一組「支撐條」。

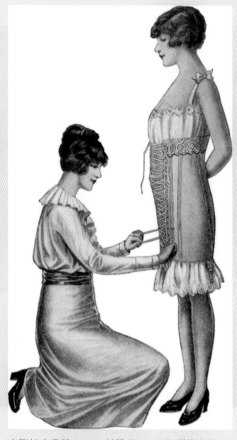

束腹知名品牌 Spirella 於戰後 1917 年所推出的一款
束腹。該款束腹不再強調「S」輪廓的效果,圖為
穿著時其中的一項步驟。

束腹知名品牌 Spirella 於戰後 1917 年所推出的
一款束腹,它不再強調「前凸後翹」的曲線,
圖為穿著時最後的一項步驟。

有關 1910 年代束腹的發展。在第一次世界大戰前，由於當時女性時尚審美輪廓出現「S 形水管」的輪廓造型，而為了配合這種新型態輪廓線的到來，束腹款式也隨之因應做出改變，出現型如「S 形水管」的造型，束腹長度也較之前 1900 年代時拉長許多（特別是向下延伸的部分）。

當然，到了戰爭時期女性穿著的改變也包含內在的服飾。此時已沒有人再如過往那般熱衷追求「S」形的體態美，以「S」形輪廓作為理想的體態美，就此壽終正寢告一段落，束腹也因而陷入悲慘的命運，因為它被社會評價是一款負面的服裝，將它視為是戰時多餘又不需要的一種負擔與累贅，這時女性紛紛退去壓迫身體的束腹，在許多國家或社會中，還出現抵制穿著束腹的聲浪，束腹的生存面臨有史以來最大挫敗。

戰後約 1910 年代，女性雖然又重拾穿起束腹，但此時束腹款式已不同於戰前，不再強調「S」形的輪廓效果。

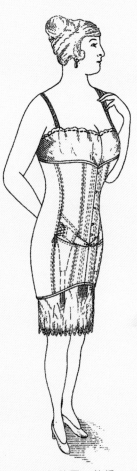

1918 年美國一款編號 USpatent1254512 專利的新款束腹。

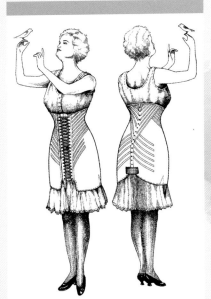

1917年美國一款編號USpatent 1232282 專利的新款束腹。

"MÉDÉE"　Jaquette de kasha uni bleu lin;

在 1920 年代的一幅時尚畫。當時
女性時尚不講求細小的腰身。

1920年代

由於受到來自藝術與設計界現代精神的影響；以及第一次世界大戰之後社會的變革；再加上女性意識的抬頭，這使得女性在服飾款式上，開始追求「俐落、直線、簡潔」的審美概念，也連同讓女性形體與時尚的輪廓，轉以「不強調曲線變化、不強調纖細腰身、不強調拘束線條」，「三不」的「長條形」輪廓為主。

時代的價值與趨勢必然會影響服飾的穿著，不僅是女性外在的服裝款式，連同內在的穿著也是一樣。在 1920 年代，當時為符合女性講求不突顯胸部的流行，束腹製造商也紛紛做出調整（束腹製造商受到第一次世界大戰時期嚴厲的打擊，並未因此而消滅，而是重振旗鼓、重新出發），以因應這波流行趨勢與社會價值的大轉變。具體的作為例如有，將束腹款式的設計重點做出調整，更強調「由腰部向下移到小腹的位置，適度離開胸部的貼近」，變成具有「束腰也兼束腹」的功能；或者是捨棄掉硬挺的骨架；或者是推出結合罩杯的新款設計。

在實際的案例中，束腹知名品牌製造商「華納」（Warner）就在 1921 年推出一款，強調胸罩與腰圍組合的「Corselette」（胸罩式的束腹）。這款「a combination of a girdle and bra」的內衣，不僅是胸罩與束腹的組合體，還出現以肩帶作為固定與支撐的設計。「Corselette」（胸罩式的束腹）的出現，也被一般人將它視為是女性內衣穿著，由束腹發展到胸罩，其過程中的一項過渡性產物。

　　經歷了第一次世界大戰，在戰後 1920 年代對於束腹的概念有了重新的定義，它由之前單一型態發展出更多元不同的型態，所束縛的位置已非之前，那般只有將重點放在胸與腰，例如當時就出現僅以束縛腹部為主的束腹，而且這種款式的束腹還相當地盛行。至於在其他新型態的款式上，還出現結合肩帶式襯裙的束腹款式，以及出現如襯裙樣式的一件式束腹等不同的款式。

　　上述這些針對束腹的重大的改變，讓過往傳統束腹的款式出現新的進化，我們姑且就將它稱之為「束腹的第一次進化」。換言之，「束腹的第一次進化」指的就是「束腹款式的多樣化」。

　　所以從此時開始，「束腹」一詞已不能用單一的款式來設限，而是要用更寬廣的角度來看待它。「束腹」因而分為廣義與狹義兩種的解釋，其中「狹義的束腹」是單指過往傳統的式樣；「廣義的束腹」則就更多元也不受框架的約束。

在 1920 年代的一張照片。當時女性外出服是強調「俐落、直線、簡潔」的審美概念。整體外型輪廓如修長的「長條形」。

在 1920 年代的一張照片。過去強調束縛性的服裝這時已遠離女性的身體。

大約是 1929 年的一張照片。1920 年代的女性透過穿著打扮呈現出帥氣的風格，而一改過去柔美的形象。

　　很多人不解甚至疑惑，當時女性輪廓不強調曲線變化也不強調纖細腰身，依常理來看緊身衣物應該從此被滅絕，但為何它沒有消失殆盡，反而還能持續發展。其實這個答案，是因為束腹可以帶給女性一個苗條的身材，尤其是針對身材肥胖的女性而言，穿著束腹能幫助她們達到渴望的完美身材，甚至當時還出現鼓吹女性要穿著束腹才能找回年輕，以及擁有健康身材的論點，也因為束腹所提供的協助與幫助，剛好吻合了 1920 年代所追求的時代價值，加上束腹又出現不同於過往的改版，所以也因此順理成章的被女性與社會大眾重新來接受，而順利挽回它原本衰退的命運。

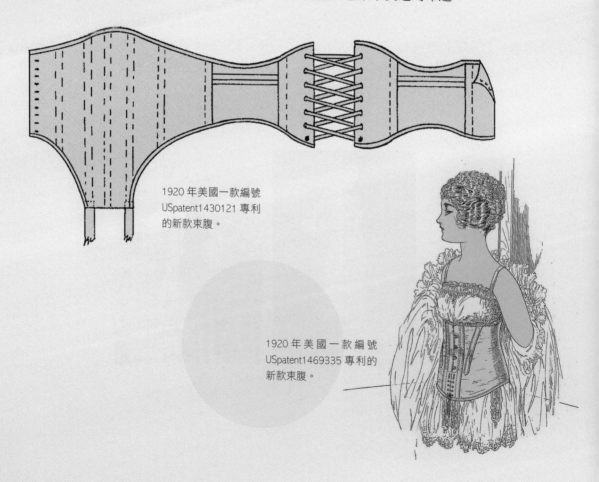

1920 年美國一款編號
USpatent1430121 專利
的新款束腹。

1920 年美國一款編號
USpatent1469335 專利的
新款束腹。

束腹知名品牌 Spirella
1924 年所推出的新款
束腹。

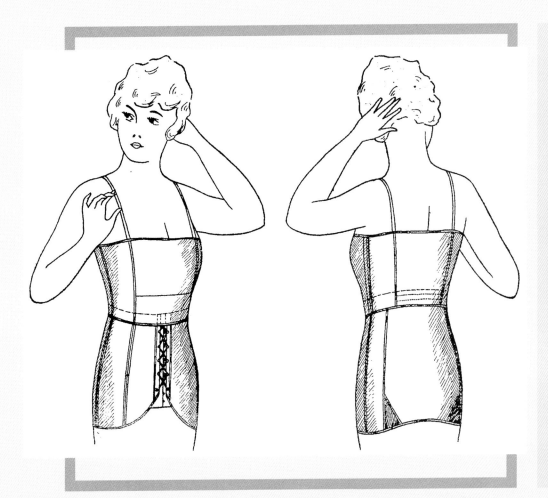

1925 年美國一款編號 USpatent1625664 專利的新款塑身衣。

1930年代

受到美國電影工業好萊塢的影響，女性輪廓美標準又產生了改變，以「成熟」、「嫵媚」、「性感」取代「俐落、直線、簡潔」的形象。也因此，強調玲瓏有致、表現曲線的「流線形」輪廓線，就成為了 1930 年代最完美的服飾形貌，至於「長條形」輪廓也就此退出流行。

1937 年所上映的 *They Won't Forge*，該片的女主角拉娜・特納（Lana Turner），在片中就穿著一款以新技術開發的「Cone-shaped bra」（圓錐體形的胸罩），來突顯她的胸圍線，穿著緊身毛衣展顯豐滿傲人胸部的拉娜・特納，她所營造的畫面，不但成為該片的經典影像，也帶動日後胸部豐滿的流行趨勢，當然這對未來胸罩的市場提供了最佳的宣傳效果。雖然這種款式在當時並沒有馬上風行，也未能瞬間普及，但毫無疑問的，拉娜・特納成為「圓錐體胸型」輪廓流行的開山始祖，絕對是無庸置疑的。

1930 年代由於新科技素材研發的成功與誕生，讓束腹的發展帶來劃時代的改變，束腹因而進入到第二次的進化，這次所謂的「束腹的第二次進化」，開創了「彈性調整型內衣」的出現。

針對新素材布料材質的研發，在 1930 年代有兩個最具代表的例子，以下分別敘述。

大約是 1930 年代的一幅時尚畫。這時女性輪廓美標準又產生了改變，而以「成熟」、「嫵媚」、「性感」，取代 1920 年代「俐落、直線、簡潔」的形象。

其一，成立於 1889 年英國的登祿普橡膠（Dunlop Rubber Company）在 1929 年研製出雙向拉身的鬆緊帶，以及在 1930 年英國考陶爾茲公司（Courtaulds Company）所研發的人造絲，由這兩項新材質所製成的束腹，讓過往硬梆梆的穿著一下改觀，束腹變得「輕薄又有彈性」，讓女性穿起束腹既可保持身形又較不易傷身。

其二，在 1935 年 2 月 28 日美國威爾明頓杜邦公司的一位化學家 Wallace Carothers，發明了一種新的人造聚合物「聚醯胺 66」，這種材料在結構和性質上相當接近天然絲，其耐磨性和強度超過當時任何一種纖維，杜邦公司在解決生產聚醯胺 66 原料的工業來源問題後，於 1938 年 10 月 27 日正式宣布世界上第一種合成纖維的誕生，並將「聚醯胺 66」這種合成纖維命名為尼龍（Nylon）。1939 年尼龍（Nylon）成為世上最早實現工業化的合成纖維的品種，它奠定了合成纖維工業的基礎，讓紡織品的面貌煥然一新。使用這種纖維織成的尼龍絲襪，既透明又富彈性，而且還比天然絲襪要耐穿許多，所以也難怪當 1939 年 10 月 24 日杜邦在總部公開始銷售尼龍絲長襪時，會引來消費者爭相搶購的轟動。到了日後的 1940 年 5 月，以尼龍纖維為材質運用在服飾（包含內衣褲）已銷售遍及美國各地。當然尼龍（Nylon）這項材質也被拿來應用在束腹，成為「進化

1930 年代的一幅油畫。1930 年代女性的時尚美，輪廓線強調曲線的「流線形」。

版的束腹」（也就是塑身內衣），這讓塑身內衣有了更輕薄、更彈性、更服貼的發展。

受到新材質改變的影響，讓束腹從過去傳統的「硬挺僵硬」，演化到「柔順彈性」的新局面，開創穿著束腹「要塑身但不需要再硬梆梆」的新思維。這也使得「彈性調整型內衣」成為「束腹的第二次進化」中「廣義的束腹」的新項目，並成為往後穿著束腹的主流代表。

不僅僅是新素材布料改變了束腹的歷史，拉鍊的發

1932 年好萊塢的影星。受到美國電影工業好萊塢的影響，1930 年代女性美的標準首重有個柔美的曲線。

1934 年的一張沙龍照。當時的時尚特別講究服裝款式要能展現女性柔媚的線條。

明與應用也同樣改變束腹歷史的發展。說到拉鏈的發明，它的雛形分別是來自美國人埃利亞斯‧浩威（Elias Howe，他於 1851 年取得美國專利）和惠特康比‧朱德森（Whitcomb L. Judson 於 1891 年和 1893 年取得專利），當時稱為「自鎖扣」。這兩種發明都採用鉤環來絞合，但前者未被商業製造，後者則運用在鞋靴的固定。現代的拉鏈則是由瑞典裔美國電機工程師吉迪昂‧森貝克（Gideon Sundback）於 1914 年所發明的。吉迪昂‧森貝克他用凸凹絞合代替了鉤環結構，於 1917 年申請了獨立專利，稱為「可分離式扣」（Separable Fastener）。拉鏈於 1930 年代開始正式運用在時尚的服飾，而許多束腹廠商這時也紛紛跟進，毫無疑問「拉鍊」這種新的固定模式又為束腹的發展帶來新的創舉與革新。

從 1914 年美國第一件「無背式胸罩」（Backless Brassiere）胸罩專利的開始，一直到 1930 年代，女性內在衣物出現趨勢上的改變，那就是「胸罩」所扮演的角色越來越吃重，到了此時，甚至脫穎而出可獨立存在的情況。由於「胸罩」越來越受消費市場的重視，所以在 1930 年代束腹的主流，也就是將胸罩組合成為連身的款式（1920 年代雖然已有連身式的束腹，而且亦有束腹業者嘗試推出將罩杯做組合的束腹，但市場上的推廣度與接受度都還是相當有限）。

對於束腹的發展，由於 1930 年代女姓的時尚標準，首重全身要有個完美曲線的身材，這也助長了「連身式束腹」的發展，當時許多百貨商店販售這種款式的束腹，業績都是一枝獨秀，深受消費者喜愛，所以更鞏固了「連身整件式束腹」，成為當道的穿著。

1934 年時尚畫。「瘦高又有曲線」是當時女性審美最佳的理想形象。

1935 年一則服飾廣告。展現當時女性完美的輪廓──「纖細的身材但富有曲線的線條」。整體外型輪廓如「流線形」。

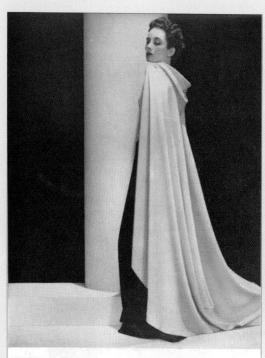

VERA BOREA

Cape du soir en soie bleu pâle, sur robe noire à ceinture-corselet bleu pâle

法國時裝公司 Vera Borea 在 1938 年的一則晚宴服
沙龍照。該時裝公司是由法國伯爵夫人 Borea de
Buzzaccarini Regoli，於 1931 年在法國巴黎成立的
時裝公司，該公司推出以服飾來強化女性柔美線
條的款式。

1938 年服飾商家 C & A 所推出的一則女裝廣告。
「嫵媚成熟」的形象是當時時尚的準則。

Vera Borea

*La transparence du tulle noir donne à cette jupe, garnie de rubans de sa-
tin, une ampleur légère et souple. Corsage en satin, épaulettes en ruban.*

1 | 2

1. 1930 年一款襯衣式的塑身衣。

2. 法國時裝公司 Vera Borea 在 1939
年的一則晚宴服沙龍照。藉由服
飾來強化女性柔美的線條。

1930 年電影 *Safety in Numbers* 的劇照。照片為該片兩位演員，分別是 Carole Lombard 和
Josephine Dunn，讓我們看到當時襯衣款式的模樣。

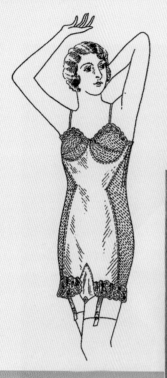

1932 年美國一款編號 USpatent
1909273 專利的新款塑身衣。

1933 年一款長版的塑身
衣（背面）。

1933 年一款長版的塑
身衣（背面）。

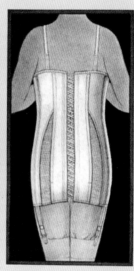

1933 年一款長版的塑
身衣（背面）

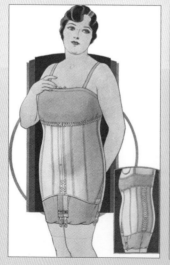

1933 年的一款束腹。

1934 年一則強調「伸展自如、站坐
輕鬆」的塑身衣商品廣告。

1940年代

1939 年至 1945 年的第二次世界大戰，又把女性從「婉約柔弱的女人味」調整為「剛毅堅強的男子氣概」，為了要突顯這種陽剛堅毅的形象，戰時女性的上衣，出現了以平肩與方肩為主的款式，當然形成這種方正剛硬「長方形」的體態輪廓，與戰前所講求柔美婉約的「曲線美」，恰成對比。

在戰爭期間，一般人根本無暇顧及衣著的打扮，服裝所考量的要素僅以「實用、方便、耐穿」為主。女性普遍穿著「工作服」與「制服」，服裝款式相當樸實。以英國為例，在 1941 年英國開始實施配額制，當時為了推動「戰爭時期實用性的時裝」（Utility wartime fashion），甚至還在 1942 年成立了「倫敦時裝設計師協會（Incorporated Society of London Fashion Designers，簡稱 ISLFD」）。

在大戰之後，受到時尚界稱之為「New look」風潮的影響，女性又恢復追求柔順婉約的形體美。為了達到這種理想的標準，女性重新拾回丟棄已久的「束腹」來穿著，以強調有個「沙漏型」的腰身輪廓，並且以「圓肩與斜肩」的款式，取代「平肩與方肩」，營造出一個陰柔的形象。所以說強調細腰身的「沙漏型」輪廓，就成了戰後時尚的新指標。

克里斯汀‧迪奧（Christian Dior, 1905-1957）這種強調女性化的新風貌，不僅影響女性服飾奢華貴氣的穿著，也影響女性身材輪廓曲線美的發展，當時他推出許多款的設計又讓女性必須重新穿起束腹與裙撐（曾經因戰爭被忽視的束腹與裙撐，這時又回到女性的身上）。這讓女性內在服裝的穿著習慣上，又再度產生了翻轉的變化。

1940 年的一張照片顯示當時戰爭時代穿著一切講究樸實。

　　在當時強調胸部的突顯，已成為一種時尚美的趨勢，這也帶動胸罩製造商朝此方向全力以赴，在 1930 年由「Maiden Form」改名為「Maidenform Brassiere Company」的內衣品牌，也在 1949 年推出一款子彈型內衣，稱之為「Chansonette bra」，這款胸罩在市場一出現，便創造出極佳的銷售量，無疑的，這又為女性強調「巨大、尖挺」的胸部流行，給了一個正面的肯定。由於子彈型內衣當道，當時也有束腹業者，乘勢推出一款將子彈型的胸罩與束腹相互結合的連身束腹。

1　2
3

1. 1940 年代女性於戰爭時期投身後勤補給生產的勞動。

2. 1944 年戰爭時期女性形象以突顯陽剛堅毅的形象為主。

3. 1943 年戰爭期間，一般人根本無暇顧及衣著的打扮，服裝所考量的要素是「實用、方便、耐穿」。

1945 年戰爭時期的女裝，以「平肩與方肩」款式展現陽剛堅毅的形象。

1945 年倫敦設計師所設計的實用性女裝。戰爭時期女性的上衣，出現了以平肩與方肩為主的款式，當然形成這種方正剛硬的「長方形」體態輪廓，與戰前所講求的曲線美恰成對比。

1947 年戰後被喻為是引爆「New look」風潮的代表款式。

1947 年的時尚沙龍照。受法國設計師 Christian Dior 在戰後為國際時尚帶動「女性化新風貌」的影響下，「女性化的流行」再度重回時尚界舞臺，這不僅讓女裝時尚恢復奢華貴氣的穿著，也促使女性身材輪廓回歸曲線美的發展。

FOUR FIGURES—all different, but with one common factor . . . the waist line! This new Nature's Rival "Proportioned" girdle is available in four variations of each waist size to *really* give control with comfort at and below the waist line. The secret is in the varying hip measurements and varying lengths you may choose from to suit your proportions.

Your corsetiere can fit you, simply, quickly . . . with her tape measure! Ask her for Nature's Rival "Proportioned" girdles—and be sure to include a Nature's Rival *bra* to complete your comfort.

Four in One

PROPORTIONED GIRDLES

NATURE'S RIVAL* BY *Parisian*
CORSET MFG CO LTD

* Registered Trade Mark

1940 年代巴黎緊身胸衣製造有限公司所推出的一則廣告。

1941 年塑身衣公司 Spencer 所推出的一款塑身衣。這款塑身衣強調穿上之後能雕塑出完美的身材。（攝影作者不詳）

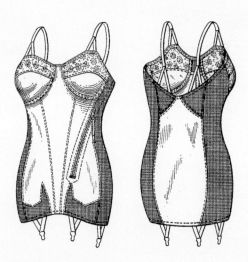

1941 年美國一款編號 USpatentD129895 專利的新款束腹。

1942 年美國紐約梅西百貨公司（R. H. Macy）所展示的塑身衣。

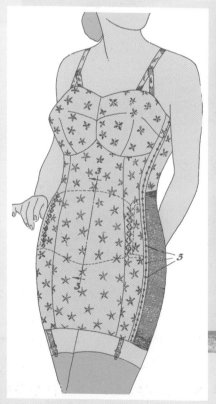

1948 年美國一款編號 USpatent2511767
專利的新款束腹。

美國 *Life* 雜誌在 1949 年 3 月 14 日刊載國際乳膠公司（International
Latex Corporation）Playtex 品牌生產名為「Living Girdle」的一則廣告。
廣告呈現一位女人穿著乳膠束腰褲跳躍的連續動作，藉此強調這款
束腰褲能活動自如又輕巧自在。

1950年代

1950 年代西方文化中最明顯的轉變，就是年輕文化意識的抬頭，此時女性體態美也符合這種精神，呈現出一種青春洋溢的氣息。

戰爭時期女性所展現代表剛毅堅強的形象，到了這個年代逐漸被「苗條瘦細」的身材所取代，成為新時代體態美的標準。

在時尚界的主流，服裝設計師克里斯汀‧迪奧於 1950 年代陸續推出以輪廓為主題的不同設計，如 1953 年推「鬱金香形」；1954 年秋冬裝推「H 線條」；1955 年春夏裝推「A 線條」；1955 年秋冬裝推「Y 線條」。這些尤其以英文字母作為流行的題材，讓「輪廓線」成為女裝流行的一項重要指標。

早在 1930 年代，從底部到頂峰採同心圓方式的車縫，所形成的「錐形胸罩」就已經出現，不過礙於害羞難為情之因素，要遲至 1950 年代才在好萊塢女星如瑪麗蓮‧夢露（Marilyn Monroe）、黛安娜‧道爾斯（Diana Dors）、碧姬‧芭杜（Brigitte Bardot）、珍娜‧露露布莉姬妲（Gina Lollobrigida）等豔星的穿著下，以及時尚界把「錐形胸罩」的款型視為是一種流行，才逐漸被社會大眾所接受，也因此女性胸部輪廓變得更加的尖挺、巨大，在當時甚至出現「擁有尖挺傲人的大胸脯」，就等同「擁有了好萊塢般時尚的夢想」之論點，這也讓錐形胸罩成為市場極度熱銷的商品。

正因為「苗條瘦細」的身材，成為新時代體態美的標準，所以塑身或束身的風氣在當時可說是相當熱絡，舉例來說，有一款號稱是「來自巴黎的瘦身奇蹟」，名為「Vanishette」橡膠材質的鬆緊腰帶，在市場一推出馬上就銷售一空，創造出驚人的業績。又例如美國版 *Vogue*，在 1956 年特別刊登一則關於女性與腰圍的報導，該雜誌之所以會刊登這則報導，主要是因為知名品牌「風流寡婦」（Merry Widow）的一款結合胸罩的束腹，一年有高達 600 萬美金的銷售額。又例如巴黎版 *Vogue* 也開始經常出現刊登束腹的廣告，而每一則廣告都提到能解決各種年齡層與任何體型的困擾，並且強調可以讓女性「完美無暇的隱藏脂肪，以及打造出幾可亂真的苗條身材」。

美國小姐佳麗 Yolande Betbeze，展現自 1940 年代後期以來，女性強調「巨大、尖挺」胸型的時尚輪廓。

1951 年時尚雜誌 *Harper's Bazaar* 的一 幅時尚沙龍照。模特兒展現「纖細的腰身、優雅的曲線」女性化的新風貌。

美國性感巨星瑪麗蓮·夢露（Marilyn Monroe, 1926-1962）在 1953 年的劇照。瑪麗蓮·夢露曼妙的身材以及冶豔的風情，成為當時性感的經典代表。

1954 年美國巨星葛麗絲·凱莉（Grace Kelly, 1929-1982）的 宣傳照。她高貴的氣質以及不凡的品味成為 1950 年代時尚的代表。

1956 年的一幅時尚沙龍照。當時
女裝最具代表的款式就是「A」字
裙，「Λ」字也因此成了當時輪廓
線條的代表。

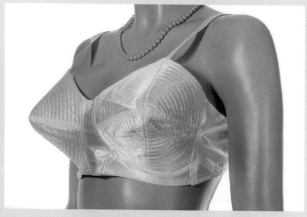

1950 年代的一款「圓錐體形的胸罩」（Cone-shaped bra）。
由於「圓錐體形的胸罩」在 1950 年代的盛行，這也為當時
女性的輪廓建立出新的時尚美。

1958 年伸展臺上模特兒展示當時
流行的「A」字裙。

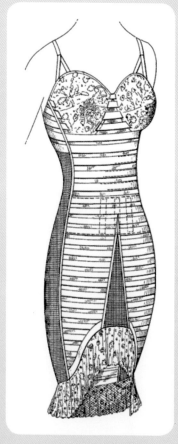

1959 年美國一款編
號 USpatent3056410
專利的新款塑身衣。

1960年代

如果說，我們對 1950 年代女裝服飾流行的印象是「A 字形蓬裙式的小禮服」，那代表 1960 年代女裝的流行印象的款式，則絕對就是「迷你裙」了。當然這也讓女性的時尚輪廓又有了明顯的改變。

1960 年代的西方世界裡，處處充滿著年輕的意識，有人說這是一個屬於年輕人的時代。當時女性是以「消瘦、骨感、稚氣」作為最佳的形象，表現出青春洋溢的「小女孩風貌」（The little girl look），其中英國的模特兒崔姬（Twiggy）就是這時代最具代表的經典人物。

在 1960 年代的西方世界，也是處在一個充滿反動情緒的時代，許多反傳統的價值與作為大行其道，除了有服裝設計師魯迪‧簡萊什（Rudi Gernreich, 1922-1985）設計上的大膽作為，出現「露雙乳、反遮蔽」的設計之外，還有就是次文化團體「嬉皮」（Hippies）的反文化作為，一些女性嬉皮，她們以不穿胸罩，來表達追求「自由、自然與自主」的心態。另外，在 1968 年美國小姐選美會的會場外，也來了大約有 400 位女性的女性主義團體，她們高喊「焚燒胸罩」的口號，並認為社會藉由讓女性穿著胸罩、束腹、高跟鞋，以及化妝與美髮造型的重視，來讓她們陷入角色扮演的不平對待，所以她們要燒掉象徵女性被奴役的胸罩，視胸罩為敵人，讓胸部不再穿著胸罩，期望藉身體的解放來達到女性自由的自主。經過這場示威活動的宣示，「女性主義」

服裝設計師約翰‧貝茨（John Bates）在 1960 年代後期所設計的一系列服裝，展現出屬於當時新潮年輕的風格。（照片攝影 Dani Lurle）

1967 年一款迷你裙的時尚照。迷你裙是當時女裝中最具代表的
款式，加上青春洋溢的「小女孩風貌」（The little girl look）當道，
這為 1960 年代的形體輪廓建立時代的準則。

（Feminism）和「燃燒胸罩」（Bra-burning），這兩者
也就因此被畫上了等號。「束腹」對女性主義者而言，
當然更被視為是危及女性的一大禍害，絕對是必須剷除
的，「束腹」再次面臨生存的危機。

可以想像，「束腹」在這個年代的處境是被排擠、
打入冷宮，命運可說是岌岌可危。所幸，因為又有新材
質的出現，才拯救了束腹發展的危機。

話說在 1959 年由美國杜邦公司（DuPont，全稱 E. I.
du Pont de Nemours and Company）的化學家約瑟·希弗
斯（Joseph Shivers, 1920-2014）發明了一種彈力纖維，
稱之為「萊卡」（Lycra）。以這種纖維做成的布料，到
了 1960 年初開始大量運用在服裝，其中也包括內衣與
胸罩，當然這種材料也被引入束腹的製作，以「萊卡」
做成的束腹，在舒適感與彈性度都有大幅的提升，這也
為「進化版的束腹」又提高到更進階的版本。至於「傳
統式硬梆梆束腹」，在 1930 年代開始走向沒落，到了
此時出現以「萊卡」材質做成束腹之後，「傳統式硬梆
梆束腹」它更是被拋到九霄雲外，不見蹤跡。

1969 年英國服裝設計師瑪莉·關
Mary Quant 設計的一款迷你裙。整
體外型輪廓如「短版方形」。（照
片攝影 Jac. de Nijs / Anefo）

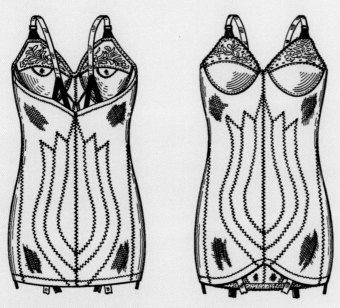

1962 年美國一款編號 USpatentD193986 專利的新款塑身衣。

1963 年美國一款編
號 USpatent3177867
專利的新款塑身衣。

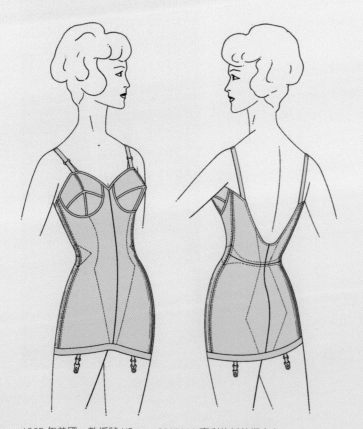

1965 年美國一款編號 USpatent3205892 專利的新款塑身衣。

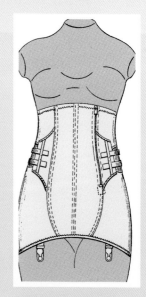

1963 年美國一款編號
USpatent3314433 專利
的新款塑身衣。

1970年代

　　1960 年代後期服裝設計師伊夫・聖羅蘭（Yves Saint Laurent, 1936-2008），他為高級女裝開拓了具革命性影響的「褲裝時尚」，此次帶動全球女性穿著褲裝的風潮，改變了之前迷你裙流行的線條。當然，年代的「時尚印象」又出現變化，女性形象從「嬌小」轉變成「挺拔」。尤其是喇叭褲成為流行時尚中最重要的新風潮，當女性穿上喇叭褲時，她的外型輪廓猶如「梯形」的造型。

1972 年的時尚沙龍照。1970 年代初期「喇叭褲」、「迷你裙」、「迷地裙」共處的時代。
（照片攝影 Ulrich Häßler）

1973 年的時尚沙龍照。到了 1970
年代「迷你裙」款式漸趨式微，同
樣女性的輪廓也因此隨之改變。（照
片攝影 Fortepan）

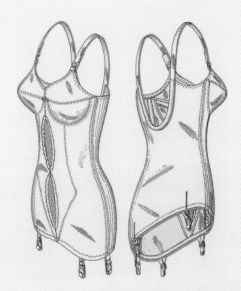

1975 年美國一款編號 USdesign234849 專利的
新款塑身衣。

1973 年的時尚沙龍照。1970 年代女裝
款式開拓了具革命性新標的的「褲裝時
尚」。（照片攝影 Fortepan）

　　透過女性審美價值的轉變，我們看到女性由天真無邪的小女生瞬間長大成人，也看到女性由淘氣頑皮變得穩健而有自信。另外，在當時女性也開始意識到以運動、健身的方式來鍛鍊身體，並且更積極地以節食的方式來控制體重，以達到有個理想的體態美。當然如此種種，都顯示女性的形體美不再像過去那般嬌弱。

　　其實對於這時代女性理想價值的想像，我們可藉由當時轟動全球的一部美國電視影集《霹靂嬌娃》（*Charlie's Angels*）得到理解。這部開播於 1976 年家喻戶曉的影集（1981 年結束），是描述三位女生為一家私家偵探機構工作的故事，影集中三位女偵探所表現的「機智過人、身手矯健、身材健美、熱愛運動」，正是這時代對女性完美理想的寫照。

　　由於「節食與鍛鍊身材」的概念逐漸成為一種時尚風氣，而透過穿著「彈性調整型內衣」的協助，確實可以讓女性立即形塑出一個理想化的身材，這也使得「彈性調整型內衣」能在市場持續穩定發展。

　　另外，受到當代對體態身材新價值的影響，女性在穿著越來越強調舒適自在、活動方便。以內衣穿著為例，為了因應運動需求，第一款的運動型胸罩，在 1977 年終於誕生了，它是由欣達・米勒（Hinda Miller）和麗莎・琳達（Lisa Lindah）兩人所發明的，當時稱這款胸罩為「Jockbra」（運動型胸罩），後來更名為「Jogbra」（慢跑型胸罩），這項商品的開發，無疑讓內衣與胸罩的發展又拓展出一條新的道路。

　　而無獨有偶，以科技方式研發出新材質，並運用在衣物上，這對服飾的發展帶來莫大的影響與改變。在今天大家相當熟悉服飾的吸溼排汗功能，它的起源可追溯回到 1976 年，當時由奧地利 Schoeller 公司與挪威 Mikkelsen 公司聯合發展出具功能性內衣的產品。這個產品是以聚丙烯纖維（Polyproplene）的薄纖維網覆蓋於吸收纖維層上，透過這層 PP 纖維薄層，能把溼氣傳導到吸收層外蒸發，達到乾爽舒適的效果。而這項技術的開發與思維的精進，對束腹的發展也都帶來重要的影響，讓「進化版的束腹」又更加進化了。

1977 年電視影集《霹靂嬌娃》（*Charlie's Angels*）的劇照。1970 年代轟動全球的這部美國影集，三位女主角
正是這時代對完美女性的寫照。

1980年代

　　此時當女性在展現能力與自信的新價值時,也連帶鼓舞女性樹立起女強人的形象,女性除了流行穿著套裝之外,而刻意在上衣的肩部加上誇張的墊肩,形成「方形」的時尚輪廓。

　　到了 1980 年代,女性對鍛鍊身材更加熱衷與積極,運動與健身儼然成為社會一項時髦的風氣,尤其是「有氧舞蹈」更是風靡一時,眾所周知美國明星珍 · 芳達(Jane Fonda)所推出的有氧韻律教學錄影帶,在當時更掀起全球有氧健身的熱潮,她推出 23 支有氧健身操錄影帶,支支熱銷,共計狂賣出 1700 萬支的驚人數量,而大街小巷不時傳來鼓動肢體節奏的「one more, two more...」,也為健身風潮寫下不朽的紀錄。有氧舞蹈因為影帶的媒介而走入室內,尤其是走入每一個家庭中,家裡的客廳頓時之間成為了韻律教室,尤其是難得出門的家庭主婦,這時不用拋家出門,也不需呼朋引伴。只要能跟著影帶的示範做動作,隨時都能盡情的舞動肢體。這股熱潮從美國延燒到全世界,造就了女性一個概念,那就是:「女性一定要有個看起來美好的身材。因為擁有美好身材,就等於擁有美好的人生。」

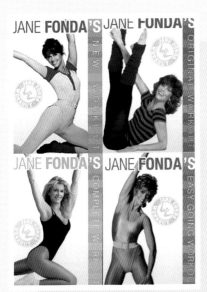

美國明星 Jane Fonda 所推出的有氧韻律教學錄影帶。這股全球有氧健身的熱潮,讓女性對鍛鍊身材更加熱衷與積極,運動與健身儼然成為社會一項時髦的風氣,造就了「擁有好身材就等於擁有好的人生」的概念。(圖片構圖經過作者重新彙整設計)

1987 年流行樂天后瑪丹娜（Madonna）在一場演唱會的實況畫面。瑪丹娜將束腹內衣外穿，顛覆了服飾穿著的概念與價值。（照片攝影 Olavtenbroek）

法國服裝設計師 Jean Paul Gaultier，在幫瑪丹娜設計一系列「束腹內衣外穿」的演唱會服裝之後，多年以來他就將此概念不斷運用在他香水瓶的設計。此款香水瓶的設計，是他以粉嫩色調的半透明材質與性感女人的線條曲線為基礎，完美詮釋極致女人味的性感魅力。

　　在 1984 年所舉行的首屆「MTV Video Music Awards」（MTV 錄影帶大獎），流行樂巨星瑪丹娜（Madonna）在臺上表演，當時她穿著束腹和婚紗所混搭的服裝造型，引來相當大的爭議，對於將私密的內在衣服穿在外面，掀起軒然大波的瑪丹娜，她一點也都不在意，而且更以「內衣外穿」，這種顛覆服飾穿著的價值，作為個人形塑獨特形象的一項標的，在日後她形象包裝以及演唱會中，都經常看到這種畫面的出現，其中最具代表的是 1990 年，在她的「金髮雄心」（Blond Ambition）演唱會中，她穿著由設計師尚保羅・高緹耶（Jean-Paul Gaultier）所設計的兩款「錐形罩杯的束腹」，俗稱「木蘭飛彈」的舞臺裝，更引來時尚界強烈的關注。毫無疑問，瑪丹娜與尚保羅・高緹耶兩人攜手，共同為「內衣外穿」的穿著思維，帶來另類的價值，而就某種程度而言，似乎也為女性內衣的關注，帶來新的拓展。

　　當然，瑪丹娜這一連串將束腹作為舞臺服的焦點，似乎又將我們帶回到塵封已久、逐漸淡忘陳年往事的漩渦中，讓「那件封存的歷史服裝」再度掀起一波漣漪，引發我們進一步反思：「壓抑女性的地位與權力；造成女性身體的傷害與弱化，真正的元凶是束腹？還是時尚？」

　　「束腹」在歷經多次的進化與升級之後，到了 1980 年代「廣義的束腹」其概念也不斷持續擴大，在英文用詞中的「Foundation garment」（直譯為「基礎服裝」）；也稱之為「Shapewear」（翻譯為「塑身衣」）；或稱之為「Shaping underwear」（翻譯為「塑身衣」）等名稱的服裝，也都涵蓋在「廣義的束腹」之中（這讓「進化版的束腹」有了更豐富與寬廣的定義），並且成為「進化版的束腹」最大的主流。

1990年代

到了 1990 年代，受到個性化與多元化，以及後現代主義的影響下，已經沒像過往有一種外著服裝的款式，可以作為營造女性外觀形體輪廓的單一標準了。所謂的「百家爭鳴、百家齊放」，每個人都可以為自己訂出一套屬於自己的風貌，服裝設計的「沒有規則的規則」成為新趨勢。

話說 1980 年代的後期，由於受到「重視經營個人身材」熱潮的影響，一些精明的商人於是開始絞盡腦汁，想盡各種招數推出與減肥塑身有關的產品，以搶攻龐大的商機，而這種現象也繼續延續並擴大到了 1990 年代。

雖然說減肥的方式（包括藥物與相關商品）並非 1990 年代才開始出現，不過絕對沒有如同此時這般的瘋狂（它是全民甚至是全球一致的一場運動，可說是到了「瘦身不分種族沒有國界」的地步）。當時的減肥方式可說是千奇百怪，業者還以史無前例大量廣告宣傳作為工具，試圖藉傳媒的力量，來提醒甚至強化世人對身材體態的重視，也因此這個階段的女性們，相較於過去更加地重視對自我體型的經營，美體消費就在此觀念的影響下更加被關注，並成為了一項最具潛力的新興產業。為了營造出社會評價下的完美體態，尤其是女性，不但有透過較辛苦的方式（如各種的健身運動或舞蹈），也有透過較不辛苦的方式（如吃的、抹的、喝的食品或藥物）試圖來改造並維持身體，「塑身減肥、雕塑身材」儼然成為許多女性日常生活作息中最重要的一項任務。

所以說，在 1990 年代西方的社會裡，女性所追求的身材價值，從過去「只要局部的瘦」，提升到現在「雕塑全身完美的身材」的理想體態美為主，而為了達到有個理想的體態，於是就出現了全新的「身材改造工程」

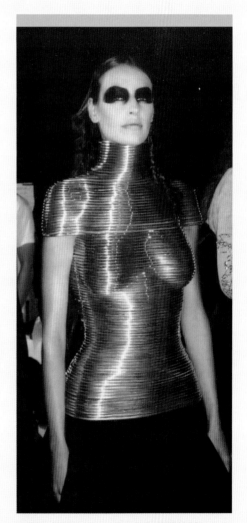

肖恩・萊恩（Shaun Leane）為英國設計師亞歷山大・麥昆（Alexander McQueen）在 1999 年所製作的一款由鋁線製成的緊身胸衣。（照片攝影 Shaun Lean）

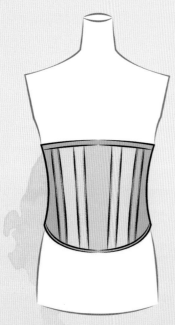

由義大利設計師多梅尼科‧多爾切
（Domenico Dolce）和史蒂法諾‧
加巴納（Stefano Gabbana）兩人聯合
創辦的國際知名時尚品牌「Dolce &
Gabbana」簡稱「D&G」在 1999 年
所推出的一款束腹設計（依原件重
繪）。

概念。而且這原本是西方世界對個人身體的一種態度，
但卻透過國際化的力量，將此意識影響到世界每一個角
落，成為全球共同信仰的「完美標準」，相信這是全球
化影響國際的一項重要例證。

　　由於在 1990 年代的外著服飾中，並沒有出現一款
可以足以代表當時時代的款式，所以或許有人就會認
為，建構「時代形體輪廓」的代表穿著已不存在。但其
實並不然，正確的來說，建構 1990 年代「時代形體輪
廓」，並非是外衣而是內著，具體來說就是靠著內穿「進
化版的束腹」（英文用詞的「Foundation garment」直
譯為「基礎服裝」；也稱之為「Shapewear」翻譯為「塑
身衣」；或稱之為「Shaping underwea」翻譯為「塑身
衣」）來營造出玲瓏有致的身材。

　　由於透過「進化版的束腹」，不論外衣的穿著款
式為何風貌，皆能讓身材凹凸有致，形塑出漂亮的曲
線，呼應時代的審美趨勢，這也難怪在 1990 年代「進
化版的束腹」能在市場中大發利市，受到廣大消費者
的喜愛。

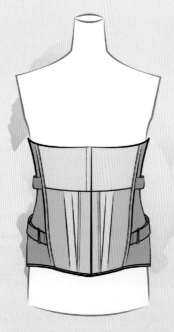

1999 年「D&G」所推出的一款束腹
設計（依原件重繪）。

1999 年「D&G」所推出的六款束腹設計（依原件重繪）。

2000-2010年代

如果要問「在西方世界什麼是最能代表二十一世紀完美身材的人物?」這個答案,大概就是頂尖的國際超級模特兒了。

國際超級模特兒,她們是一群擁有亮眼的臉蛋,以及高挑纖細又性感的身材,受眾人矚目的時代寵兒。超模不僅僅是出現在伸展臺上,她們更是許多時尚商品廣告代言人的常客。這些超模經常現身在一幅幅搶眼誘人的巨型看板上,也活躍在一頁頁充滿魅力的時尚雜誌中,「無孔不入、處處可見」地展現她們出眾的身影,來吸引每一個人注視的目光,成功建立了「能擁有與她們等同的身材,就等同擁有了時尚與完美」的新時代神話。

時尚模特兒所建立的現象,除了讓我們對夢幻身材有了一份想像的喜悅(這種喜悅就如同當我們在面對維納斯的身材時,會不由得讚美並歌頌這夢境般的藝術之美)。不過,在此同時的另一方面,這種被視為是「夢幻的超模身材」,卻也引發一項嚴重的問題,那就帶來「瘦模的迷失」。由於許多知名品牌偏好「骨感至上」的審美觀,所以在挑選女模只挑選「瘦到見骨、骨瘦如柴」的女模,來擔任走秀或代言的人選,也因此時尚廣告或報導的畫面,到處都是這些零號身材「紙片人」的身影,這也形成「時尚」就等同於「激瘦身材」的觀點,而這項觀點,也深深影響許多年輕的女孩,並且成為她們效法的信念,為了追求這種「時尚美」,許多年輕女孩想盡辦法讓自己瘦,在盲目的「瘦還要更瘦」驅使下,讓自己的健康陷入危險之中。

　　面對這項社會的病態，歐洲許多國家也都開始嚴正關切，並採取一些行動，例如：法國國會在 2015 年 12 月 17 日通過立法，規定過瘦的模特兒必須取得醫師證明，確認健康無虞，才可以繼續工作。此外，雜誌只要對模特兒照片修圖或後製，都必須在圖片旁加註「加工後製」的字眼。新法規定，模特兒必須取得醫師證明，確認其身體質量指數（BMI）符合模特兒工作要求。違者最高入獄 6 個月併科 7.5 萬歐元罰款（約臺幣 267 萬）。按世界衛生組織的標準，BMI 低於 18 即屬營養不良，16 以下代表過瘦；至於最早制定「禁瘦令」的以色列，最低 BMI 值是 18.5。此外，法國新法也規定雜誌若以電腦技術修改模特兒的體態，讓身形更纖細或更豐滿，就須在照片旁標明「加工後製」的字語，以遏止「紙片瘦模」歪風。又例如：法國時尚業兩大集團 LVMH 和 Kering 於 2017 年 9 月 6 日宣布簽署公約，約定今後不再任用尺寸超小的「紙片人」瘦模，以遏阻秀場不健康風氣，這兩大集團旗下品牌都是法國一線精品，包括 Louis Vuitton、 Christian Dior、 Givenchy、Yves Saint Laurent、Gucci、Fendi、Marc Jacobs、Bottega Veneta、Alexander McQueen，都不再任用過瘦模特兒走秀或拍攝廣告。公約規定，女性模特兒衣服尺碼在 2 號（歐洲尺碼 34 號）以上，才可獲得聘用。這讓「紙片人說掰掰，拒用瘦模」又向前邁出一大步。

　　「身材改造工程」的概念到了 21 世紀的發展，最重要的趨勢就是醫界的大力介入，簡稱為「醫美」大行其道，這使得醫療的目的不再只是治療病痛，醫生的任務還能幫人解決「想要美的期望」，醫生所服務

的對象，也不再是只有「病人」，還多增加了「客戶」這一項。要有一個完美的身材，過去找健身教練現在找醫生，從簡單的打針動小刀的微整型，到複雜動大刀的大型手術整型，改頭換面甚至青春永駐，已非遙不可及的夢想。

不過並非每一位渴望擁有迷人身材的女性，都敢於接受打針開刀的方式，所幸也出現一些較為人道的方式，以胸部為例，穿著「隱形胸罩」（NuBra）就是一項可以達到雕塑外觀的人性化方式。「隱形胸罩」是 2002 年由「Bragel International」所推出一款世界專利的胸罩，這款以科技發明，強調沒有肩帶，只有兩片軟質矽膠的「黏膠式胸罩」，它具有「穿著舒適、瞬間豐胸、胸線集中、防止走光」的功能，解決了女性穿著需求上的一些困擾，讓女性透過隱形胸罩的穿著，也能達到胸部的時尚輪廓，無疑的這為女性輪廓所帶來的，又是一次新的奇蹟與驚喜。

當然，若要達到不只是局部而是全身雕塑的理想身材，穿著「進化版的束腹」（英文用詞的「Foundation garment」直譯為「基礎服裝」；也稱之為「Shapewear」翻譯為「塑身衣」；或稱之為「Shaping underwear」翻譯為「塑身衣」）應該還是最好的方式之一。由於束腹業者在材質與構成不斷研發改良、推陳出新，陸續開發出許多創新的產品，讓「進化版的束腹」出現更合乎人性化，甚至是有助於健康的穿著款式，當然「傳統式的束腹」已遠遠不能與其相提並論（『傳統式的束腹』則留在歷史的記憶中）。

2017 年超級名模布蘭卡·帕迪拉
（Blanca Padilla）在內衣知名品牌
維多利亞的祕密時裝秀（Victoria's
Secret Fashion Show）。維多利亞
的祕密時裝秀每一年都邀請當今
最頂尖的多位國際超級名模擔任
走秀天使，展現這時代「象徵完
美無瑕、充滿時尚魅力」的形體。
（照片攝影 Theo Wargo）

「魔鏡・魔鏡。請你告訴我，什麼樣的穿著最美豔？」（部分原圖片取自：國際知名內衣和定製服裝 Period Corsets 公司，為 2012 年維多利亞的祕密時裝秀所製作的緊身束腹；以及設計師托馬斯・托馬斯 Todd Thomas 設計的草圖和表演時畫面。http://periodcorsets.blogspot.tw/2012/12/victorias-secret-fashion-show-2012.html，但經過作者重新後製設計創作。）

　　綜合「進化版的束腹」所帶來正面的功能，茲分述如下：

　　其一，穿上「進化版的束腹」，能讓食量有效受到控制，使得進食較為節制，減少大吃大喝的可能，如此就能避免掉肥胖發生的問題。「進化版的束腹」確實可以代替減肥藥，有效達到健康減肥，並雕塑身材的功能。

　　其二，穿著「進化版的束腹」不單單只是為了美，其實很重要的是能為自己營造良好的個人形象，藉此讓自己展現出更好的自信，提升自我正向的能量。

　　其三，穿著「進化版的束腹」，也能幫助骨架的支撐，以及讓脊椎挺直，減少身體因姿勢不良所帶來的病痛，讓身體更健康。

　　其四，有研究也顯示穿著「進化版的束腹」，能減少衰老，讓身體更有活力，是找回青春、活出希望的妙方。

　　其五，對於產後的女性而言，因妊娠與分娩讓胸部、腹部、下肢部的這些外形部位，發生不良的變化，當穿上「進化版的束腹」之後，可以輔助並改善因激素突然改變而導致的乳腺脹大、子宮收縮、皮膚彈性回縮等困擾，讓產後的女性找會流失的身材，減少女性對懷孕生子的恐懼與焦慮，研究顯示可有效減低女性產後的憂鬱。

　　其六，穿著「進化版的束腹」，可預防和改善下肢因長時間站立，由於靜脈曲張所引起的血管突出，以及疼痛等不適。

　　正因為「進化版的束腹」具有如上述的一些功能與效果，所以也讓消費者更樂於自主性的選購穿著，這也難怪到了二十一世紀的今日，「進化版的束腹」能在市場一直保持相當耀眼的銷售業績。

第二篇
承先啟後篇

蘿琳亞塑身衣
品牌的故事

成立於 1997 年元旦的「蘿琳亞國際有限公司」（簡稱『蘿琳亞』Lolinya），它的歷史起源可追溯到 1972 年，當時鄧民華董事長的母親在樹林自家裡，以一臺簡單的縫紉機，從幫左右鄰居做衣服（尤其是以訂製內衣為主）的「家庭式裁縫店」開始。

鄧民華董事長在承接母親所傳承的這項家庭事業，就在上天的恩賜之下，巧遇到他人生也是事業中最重要的伙伴，以及伴侶的莊碧玉總經理。夫妻兩人在 1996 年結為連理，夫唱婦隨合作無間，攜手共同為一致的使命，創建出頂級塑身衣事業的王國。

「蘿琳亞」成立之時，就是從束腹內衣的訂做當作起步的開始，在邁出這一步之後的一路走來，「蘿琳亞」從未懈怠，始終堅持為雕塑女性的曲線而奉獻努力。從草創到現在，「蘿琳亞」早已累積出為世人打造出一件「夢幻金縷衣」的專業與能耐。然而要能成為手工塑身內衣市場的第一指標品牌，並非靠偶然與運氣，這其中的歷程絕對有許多交疊繁複的因素，許多人都很好奇「蘿琳亞」是如何辦到別人所不能辦到的，成就別人所無法達到的高度，這其中實蘊含著許多屬於思維層面的哲理，以及實務層面的操作。「蘿琳亞」基於對文化傳承的使命，以及對社會教育的責任，期盼能藉此一角，就「蘿琳亞」相關的一些人、事、物公諸於世，希望與熱愛支持「蘿琳亞」的廣大朋友，一同分享並見證歷史。

Chapter

1

靈魂人物的
故事

鄧民華董事長

「If you think you can, you can!」（座右銘）
如果你認為你可以，你就可以！

　　生性樸實憨厚但沉穩內斂的「蘿琳亞」董事長鄧民華，出生於 1962 年 4 月 22 日。新北市樹林區出生的鄧董，從小學到國中都是就讀於住家附近的樹林國小、國中，求學的過程由於家境清寒，不能像其他同學可以參加補習，好好溫習功課，可是天資聰慧的鄧董，憑著自己的苦讀自修卻也能順利考取北市公立高中，前三志願成功高中的日間部，這是相當不容易的。

　　說到自己的母親，鄧董笑著說要不是母親他是不可能進入這個行業的，言下之意，母親是引導他進入這個行業的啟蒙老師，這不禁讓我們聯想到許多國際知名時尚產業的負責人，都是有著相同的境遇，就如同克里斯托巴爾‧巴倫西亞加（Cristóbal Balenciaga）、詹尼 ‧ 范思哲（Gianni Versace），都有著相同的模式。

鄧董在樹林國中時期與同學的合照（右一）。

　　鄧董的母親原本是一位單純的家庭主婦，但為了幫忙家計多增加一點收入，於是決定到電子廠去上班。當時，電子廠正常下班的時間是下午4點，如果是這樣的時間兼顧家務是沒有問題，但其實電子廠的工作是很難正常下班，常常需要加班，一旦加班鄧董的母親就無法好好照顧到家人，甚至連為家人準備一頓晚餐也都很困難，為此她相當苦惱。經過一番長思之後，鄧董母親還是放心不下家裡，決定還是以家為重，電子廠工作就放棄吧。

　　由於鄧董母親在縫紉製作方面都相當在行，擁有絕佳手藝的她，當時靈機一動，想到一個既能增加收入、補貼家用，又可以照顧家庭的兩全其美方式，那就是乾脆在家開間「家庭式裁縫店」，來幫左右鄰居做衣服，當時是1972年，也就是鄧董10歲，還在就讀小學的時候。鄧董回憶母親，主要是使用棉布幫客人量身訂製傳統式的束腹內衣，至於客人訂製的種類還真不少，可說是琳瑯滿目，除了有胸罩之外，還有三節式的束衣、束腹、束褲，以及連身款的內衣。

　　鄧董的母親就這樣，在家裡開業一連做了九年多，大約就是在鄧董20歲時，由於鄧董母親精湛的手藝，深受客戶的肯定，經由左右鄰居口耳相傳之下，生意忙到應接不暇的地步。鄧董的母親這時感受到家裡如此狹小空間，已無法應付源源不斷的客源，於是起心動念，乾脆就

鄧董中學時期與同學旅遊時的照片（左一）。

在樹林的市場開間店面，好應付絡繹不絕的客人，經過
一番尋覓終於找到一小間店面，店面的一半是銀樓，另
一半又分成兩部分，前半部是美爽爽化妝品的店，鄧董
的母親則是使用後半部的二分之一，當時還特別以「健
美行」作為店名的寶號，以方便客人容易找上門，就這
樣開始在那幫客人定做束褲與束衣（這時一般人習慣將
它稱之為「調整型內衣」）。由於市場人來人往，應驗
了「人潮就是錢潮」的道理，所以在市場的生意相較於
過去在家裡的營業狀況，可說是好太多了，不過相對的
工作量也較過去增加好幾倍。

成功高中時期的鄧董。

　　24歲鄧董服役退伍後，不忍母親如此辛苦決定回
家幫忙，很有生意頭腦的他開始製作DM、發廣告，早
上還派報到各個地方（所謂派報就是把海報夾到報紙裡
面，隨著報紙發送到各個家庭打廣告），派報的地方除
了樹林之外，還有板橋、新莊、泰山等地，甚至還發到
新北市其他的區域。

　　由於廣告策略奏效，讓生意大幅成長，當時有許多
顧客都不是樹林本地人，而是樹林以外其他地區的顧客。

剛退伍時期的鄧董。

1998 年時期的鄧董。

如果是樹林以外地區的顧客，鄧董的父親就必須載著鄧董的母親親自到顧客家去量身。當時顧客如果需要訂製，就只要撥個電話，一通電話馬上到府服務，從量身開始到製衣，製衣後再帶給顧客試穿，試穿修改無誤後，最後就可以將正式商品交給顧客。

由於鄧董母親經常要到外地量身，所以一旦她離開店裡，顧客若前來光臨就沒人可以招呼，很容易流失掉一些前來光顧的顧客，為此鄧董覺得很可惜，想盡快找個人手來幫忙，以便能服務前來店裡的顧客，保住店面的生意。當時店門口剛好是美爽爽的專櫃，由於經常出入店裡，所以鄧董與櫃姐彼此很自然的也就漸趨熟絡，兩人日久生情，並論及婚嫁而成為夫妻（這是他的第一段婚姻）。婚後就這樣，當鄧董母親外出忙的時候，店內就由妻子協助招呼顧客。

1986 年，鄧董 25 歲時，突然間有了新的領悟，他發現一件小小內衣就能夠讓女性擁有抬頭挺胸的效果，這個感受讓他真正開始對於內衣產生強烈的好奇心，而且很想進一步去研究內衣世界的奧妙，期望自己能激發出一些創新的想法及點子，不過雖然他有這個心思，但卻苦無實踐的機緣，只能把這個心願埋藏在心中。

隔年孩子剛出生時，妻子對他做衣服一事頗有微詞，常常在他耳根邊嘮叨抱怨，妻子認為鄧董與他的妹妹都在樹林店裡學習，但是母親教妹妹的總是比較多，心裡很吃味，後來鄧董就乾脆不做這項行業，改在店門口擺攤賣起蚵仔麵線，賣麵線的生意大致來講馬馬虎虎，但獲利並不高。之後又改賣陽春麵、米粉、黑白切等等，生意倒還算不錯。但過了 3、4 個月之後，鄧董碰到一位貴人，這位貴人看鄧董對做吃的滿有興趣，所

1998 年「蘿琳亞」剛成立沒多久時的店面。

1998 年鄧董站在「蘿琳亞」店門口留影。

1998 年「蘿琳亞」店面的櫃檯。

1998 年「蘿琳亞」店面的櫃檯。

「蘿琳亞」舊門市的展示櫃。

以特別將做牛肉麵的祕訣傳授給他，鄧董學會之後開始轉賣牛肉麵，生意非常好也頗有名氣，但又過了半年，鄧董當時的太太（前妻）覺得大熱天的背著小孩，還要賣這種熱食太辛苦了，加上她又是美爽爽化妝品的櫃姐，每天都要化妝打扮，根本無法適應這樣的工作，所以她就一直勸鄧董不要再擺攤，就在她的苦勸之下，鄧董只好放棄賣牛肉麵，轉了一圈又回來跟母親一起做內衣的生意。

在重回做內衣的這項行業時，鄧董的妹妹也已成家了，所以說是三個家庭都要依靠樹林這家店為生，當時鄧董五叔見狀告訴他：「你們三個家庭都靠這口井過活，生意再怎麼好，畢竟一口井要養活三個家庭是不容易的。」鄧董五叔建議他應該要做一些改變，經過一段時間的思考，鄧董接受五叔給他的建議，，就在他 28 歲也就是 1990 年的時候，帶著前妻及 2 歲多的兒子來到松山，開了間名為「松山健美行」（鄧董取名「健美行」為店名，主要是要延續母親在樹林的名店，也有感恩母親的教導，至於加上「松山」的地名，是有分店的概念）的束腹內衣定做店。

來到松山開始獨立門戶，鄧董的前妻對於做內衣這部分，也是因他而起才開始接觸學習，其實鄧董的前妻本身對這個行業並沒有太大的興趣，表現出來既不積極又不主動的態度，所以她對店內的幫忙是相當有限的。

草創之時擔心害怕沒有生意，但是當客人進門之後，又馬上擔心是否可以把內衣做好，擔憂能否順利將內衣交到顧客的手中，因為按常規是交給顧客之後才能拿到訂製內衣的費用。在松山大概開業半年，因為每天都在擔心衣服是否能順利交給顧客，而且鄧董的前妻能給的幫助又十分有限，所以獨自一人要接單又要把內衣做好，從量身、取衣到修

改全都要自己來，長期下來承受無比的壓力，頭髮居然出現圓形禿的狀況，即便如此，仍咬著牙苦撐下去。經過兩年後，雖然生意越來越有起色，但卻招來鄧董前妻不時對於這個工作沒有興趣的抱怨，而且反彈的情緒越來越激烈，就在 1992 年鄧董正式結束了這段婚姻。

離婚之後的鄧董帶著 4 歲的孩子獨自撫養，因為孩子從小的奶粉尿布等瑣事都是由他打理，所以照顧起來都能應付得宜，這也許與他在家中排行老大有關，比較有責任感。離婚後的鄧董舉凡家裡大大小小的事務都是一人包辦，所幸開店時間比較彈性，所以孩子上下課都是由他親自接送。

當時松山店面是跟他前妻的父親（前岳父）承租的，雖然已經與前妻離婚，但前岳父、母還是願意將店面繼續租給他，鄧董就這樣父兼母職帶著孩子一個人繼續經營束腹內衣的生意。

「蘿琳亞」舊門市的展示櫃。

　　雖然鄧董一人面對店裡大大小小的事情都可以自行處理，但其實還是會有遇到麻煩的時候，特別是他在幫女客人做內衣時，為女客人量身就是一件極為困擾的事（當時並沒有請助手），最後鄧董想想決定還是央求母親從樹林前來幫忙。就這樣鄧董就和母親開始一同合作經營松山的店面。

　　歷經一段歲月，此時的鄧董對自家訂做的胸罩開始有了全新的想法，尤其是對市場變化有著異於常人敏銳的他來說，他意識到當時國內市場很流行萊卡材質製成的束腹內衣，而且樣式也很漂亮，鄧董認為傳統束腹內衣的命運，終究會走入歷史，於是決定捨棄傳統式的內衣，開始走改良式束腹內衣，為了展現鄧董對塑身衣懷抱新觀念的落實，他還特別將店名改成比較有時尚味的店名－「瑪丹尼」（命名靈感來自於美國巨星瑪丹娜）。

「蘿琳亞」舊門市的櫥窗。

「蘿琳亞」舊門市位在一樓的店面，門前的巡迴工作車是公司所獨創，強調機動性移動式的到府服務。

1999 年榮獲「中華民國優良企業商品顧客滿意度金質獎」。

在 1992 年到 1996 年的這五年期間，鄧董與他母親和小阿姨三人一起努力，在當時的臺北市與新北市找傳統早市店面分租設櫃，早上藉由發面紙的方式試圖招攬客源，以增加一些營業額，5年內大約換了 10 幾個點。而在此同時，鄧董他感受到世代交替、物換星移的道理，母親傳統精湛的技術傳承到他的手上，而他勢必要以創新的思維與做法來延續，如此才能讓束腹內衣有更好的未來。

2000 年榮獲「全國消費金品獎」。

就在第五年時，由於生意忙不過來，鄧董開始想到應該請個幫手到店裡來協助車縫衣服，很順利的他立刻招到一名前來應徵的女性，幾經測試，鄧董發現這名員工對於縫紉非常有天賦也十分投入，甚至是原本無法修改的內衣，交到她手上都有辦法將它修改到難以置信的完美，這讓已經是車縫老手的鄧董十分欽佩。其實這位前來應徵車縫，技術一流的女性，正是鄧董現任的妻子莊碧玉（莊總）。

2007 年於瑞士日內瓦發明展榮獲金牌獎。

　　1996 年鄧董正值 34 歲時，與莊總每天都會利用下班後的時間，繼續鑽研胸罩和布料的開發，不到半年的光陰，他們共研發出四款新型的胸罩，而且還進一步開始著手就束腹內衣的外觀進行總檢與改造，兩人都期望能在彼此的合作下，讓過去被戲稱是「阿嬤款的內衣」有全新風貌的改變。所謂「人生中最親密的事業伙伴」，也就在 1996 年的雙十國慶，鄧董與莊總兩人在彼此相知與相惜之下結為連理，胼手胝足一起為塑身衣的十全十美共創經典。

　　1997 年 1 月 1 日「蘿琳亞國際有限公司」正式成立，當時第一個月生意還算可以，但是第二個月剛好遇上農曆年，營業額掉了一大半，很有行銷頭腦的鄧董，面對這項突來的危機，覺得不能再這樣經營下去，心想一定要改變策略，經過評估後他選擇向外擴點的經營策略，於是利用一年時間與其他服飾店進行溝通並請求加盟，為了突顯自家商品，他還利用人臺套上塑身衣商品做展示。經過一年的披星戴月、東奔

2008 年第 45 屆金馬獎鄧董與莊總賢伉儷
受邀出席盛會一起走紅毯。

2012 年為善不落人後的鄧董與夫人莊總，親赴苗栗幼安教養院為散播愛心盡棉薄之力。「蘿琳亞」秉持弘揚人性的光輝為己任，長期以來以實際的行動做愛心。

西跑之後，生意漸漸有了起色，雖然這是他人生一段頗為艱辛的歲月，但當看到新公司因此有了新的氣象，內心還是不由燃起一股欣慰的喜悅。為了能更有效拓展公司的知名度，同年 2 月鄧董神來之筆在 BODY 雜誌登廣告，這也創了臺灣首度有塑身衣品牌在雜誌刊登廣告的先例。

「不經一番寒徹骨，怎得梅花撲鼻香」，任何一個令人敬佩的成功企業，其企業主絕非是每天吃喝玩樂、遊手好閒，而是竭盡所能刻苦奮鬥，在此也分享一則鄧董與莊總兩人草創時期辛苦的故事。當時鄧董與莊總兩人想到，公司只有一家店面在臺北，並沒有其他分店門市，尤其是中南部其他地區的消費群，如何也能為他們服務？於是兩人幾番腦力激盪之後，終於想到「移動式工作站」的想法，不過雖然有了想法，要如何落實又是一大挑戰，最後想到一個方式，那就是將縫紉機搬上車子，成為一臺「超級簡陋的巡迴服務車」，就這樣由鄧董與莊總兩人合開這部中古的小喜美南征北討。當時由於車內並沒有安裝發電機，所以到了一個定點之後就要想辦法借電來幫客人車縫製作，看是在客戶的家裡，還是租旅館，還是麥當勞，還是車站，至於量身就得善用借到的廁所，所以說克難的情形是可以想見的。

由於巡迴服務車的概念在經營運作上有很好的效果，所以緊接在 1998 年添購 VIP 級的車款，不過為了能讓客人在車內可以站著活動，還特地到德國車廠的原廠買了高頂車蓋，並在臺灣組裝廠組裝，組裝後的車子高度可達 190 公分高（這種改造在當

時還是個創舉）。至於供電的問題，在經過近兩年不斷的改良之下，也從汽油發電提升到電瓶發電。進化後的新款巡迴服務車，一趟出巡服務都會配置兩位設計師及一位縫紉師，就像是一間小型的移動式店面，而這項創新連日本人也前來學習取經。到目前「蘿琳亞」已有 5 臺這種巡迴服務車在全省走透透，為消費者做最即時且完善的服務。

到了今日，這 20 多年以來的歲月，「蘿琳亞」的每一項創新，都是經由鄧董與他最佳的事業伙伴莊總一起竭盡心力、相互扶持，如此才能看到這般輝煌的成果，以及建立起「塑身衣第一品牌」的聲譽。對於這「塑身衣王國」他要特別感謝兩位女性，這就誠如他所說的：「母親給了他一雙可以看見『生命價值』的眼睛；莊總給了他一份可以落實『超越永恆』的眼界。」

2017 年鄧董與莊總聯袂參加韓國發明展，榮獲金牌獎及最高榮譽大會特別獎。

1980-82 年雙十年華的莊總。

莊碧玉總經理

「挑戰高難度，突破不可能，才能與眾不同，創造自我價值。」（座右銘）

不斷為人類體態美夢想的實現，創造出奇蹟的臺灣之光，也是「蘿琳亞」靈魂人物的莊碧玉總經理，出生於 1960 年 11 月 22 日。她小時是在基隆和平島一個貧困的家庭中長大的，從小歷經過人世間最窮苦的歲月，原本不寬裕的家庭再加上 9 個嗷嗷待哺的孩子，更讓父母經常是兩袖清風，一家十一口絕對比別人更了解什麼是喝西北風的滋味。對於兄弟姊妹而言，最期待的就是父親領薪的當日，因為餐桌上只有這天會有夢寐以求的滷肉，這對平時只有千篇一律的滷汁油豆腐配飯，可說是人間美味。莊總回憶起小學四年級，也就是 10 歲的時候，有次和父親上市場買菜，到了菜市場才知道原來不是來買菜，而是要來撿攤販收攤後，丟棄在地上的菜葉和臭魚，當晚一家人圍在一起，很期待吃撿回來的白鯧魚，就在昏暗的燈光下，隱約看到魚在蠕動，原本還以為是不是魚又活起來，但仔細一看才發現魚的身上是爬滿了蟲，父親看到當時她驚魂失色的模樣，只是笑一笑的回應，然後將魚丟掉，這個驚悚的經歷也造成莊總以後不敢吃魚的原因。

對莊總而言，小時候還有一件事讓她至今仍留下深刻的印象，那就是每次的颱風天。每當遇到颱風天，家裡簡陋的屋子就禁不起雨水的摧殘，當大雨一來全家每個成員都眼巴巴望著從屋頂像瀑布般的漏水，每個人的

1｜2
 3

1. 1980-82 年時期的莊總。

2. 1992 年莊總與心愛的寶貝。

3. 23 歲時的莊總。

1999 年時的莊總。

2001 年榮獲「全國消費金牌獎」時
的莊總。

2005 年時的莊總。

2006 年時的莊總。對自家產品莊總
是以最高標準的要求完美。

首要任務就是急忙找各式各樣的水桶和鍋子來接雨水，無奈聽著滴滴答答的節奏。不過颱風過後，卻也是她最開心的時候，因為莊總可以跑到學校後山，撿拾被颱風吹壞飛來的塑膠波浪屋瓦，然後拿去賣錢，換來的幾十塊可讓她開心好一陣子，所以小時對颱風天，真是又恨又愛。

小學六年級也就是 12 歲的時候，莊總會利用在寒暑假沒上學的假期，和弟弟一大早 6 點就提著父親剛做好的包子、饅頭和豆漿，到附近原住民的村落裡叫賣，如果碰到生意好的話，一賣完就能早早回家，不過若遇到生意不好時，那就要翻山越嶺跑到另一個村落去叫賣，由於途中山路崎嶇顛簸，加上身上又要背負大量的包子、饅頭和豆漿，所以只能和弟弟兩人用接力的方式搬運，過程中不僅弄得滿身髒兮兮，而且還經常傷痕累累。到了快中午的時刻，可一點也不能清閒，11 點就要協助父親準備麵攤所需的滷菜（豆干、海帶、雞腳等），並且負責洗碗的工作。雖然這過程是如此辛苦，也讓莊總學習到刻苦和勤勞，體會到「把吃苦當吃補」的道理了。

從小莊總就非常敬畏父親，雖然父親不抽菸也不喝酒，但脾氣並不好，也由於父親個性剛烈強硬，所以打罵起小孩也勝過一般的家庭，父親打起孩子一點也不留情，有時還會發狠使出怪招來對付小孩，例如他曾拿出小板凳和菜刀恐嚇，說要把小孩的頭給剁下來；還曾用背巾把莊總和弟弟綁在橋上的兩頭，讓姊弟兩人嚇到腿軟；也曾經帶鋤頭拉著弟弟到山上，說要把他活埋。當然，如此嚴厲的管教與責罰，經常惹得左右鄰居們出面前來相勸制止。雖然父親是個火爆浪子，個性衝動，但莊總發現父親其實也有樂善好施、善良的一面，因為在小學幫父親照顧麵攤時，就看到父親對年輕的工人都會特別的體恤，吃麵時還會送些小菜給他們，若有小工人帶便當來麵攤吃，父親也會主動給他們免費的高湯配便當，母親常常私底下問他：「怎麼不收錢？」，

2006 年「蘿琳亞」榮獲「國家品質保證金像獎」，
莊總接受頒獎的合影。

他總是回答：「這麼小就出來做工，很可憐的，多少幫忙一下吧」，
這也讓莊總更真實看到父親面惡心善、慈悲的另一面。父親對莊總的
教育方式雖然是相當嚴格，但她心中還是相當感念父親的，一生都難
忘父親對自己的好，莊總說自己的父親一輩子都勤勞努力，從來沒有
失業過，直到 80 多歲，仍在樹林鎮的染布廠幫人煮飯，曾經當過船員
的他，晚年也回到熟悉的碧砂漁港幫忙。莊總還特別提到：「年輕時
不懂為何工廠要聘僱父親這一位老人，但是長大後才明白，父親一輩
子有個好名聲，就是曾經在工廠撿到五十萬，拾金不昧全數歸還，所
以基於感恩，工廠就請他來幫忙。」

　　原本只是暑假到工廠打臨時工，但小學畢業後，莊總決定選擇不繼
續升學，直接進入工廠當女工，雖然念過書的父親並不是十分贊同，卻
拗不過有重男輕女觀念母親的堅持。對於進入工廠莊總從不引以為苦，
還形容那是段幸福的日子，她說：「在工廠我們都有宿舍，都有自己的
床，不用在家裡擠通鋪。除了三餐有得吃，生日時還有一小片蛋糕。不
過最開心的，還是只要靠自己的努力，就可以賺到錢的喜悅。對我來說，
這是讓我脫離原本困窘環境最好的跳板。」

2007 年莊總與穿著
「蘿琳亞」產品的知
名藝人一起合影。

莊總就這樣從 13 歲一待就待到 17 歲，在 5 年成衣廠的生涯，她練就出一身縫紉的好工夫，因為工廠是論件計酬，講求的是速度至上，所以一切都是以速度考量，如果想要賺到更多的錢，車縫的速度就必須飛快，所以在工廠裡工作的這些年，莊總每天從早上 8 點就一直做到晚上 9 點，中間根本沒偷得一點清閒，當然連星期天也不例外，一樣照常到工廠加班，甚至還把工作帶回家，找兄弟姊妹一起幫忙做加工。在工廠時她還學會修理縫紉機器的技術。說起這個機緣，是因為當時工廠的機器大部分都已相當老舊，經常故障、不堪使用，若等待師傅來修是需要時間（修理師傅僅有一人），而且又有很多人在排隊等待修理，所謂的「時間就是金錢」，白白等待時間就等於是白白把金錢給流失掉，等待是會減少賺錢的機會，所以莊總為了不願白白等待時間的損失，平時師傅在修理機器時她都會在旁仔細用心學習，加上自己不斷自我摸索研究，找到如何處理故障問題的方法，所以她就在

2007 年一直保持完美身材的莊總，
是「蘿琳亞」產品最佳的代言人。

這樣的自修過程中，讓自己更了解機器的結構，也懂得如何正確使用機器，如此一來故障率減少了，技巧也增強了，當然車縫完成的速度也就提高了。

　　莊總凡事都要比人強，有堅毅不服輸的精神，由於具備這項特質，所以也讓她能在如此競爭的同業中脫穎而出，獨占鰲頭位居翹楚。莊總舉了一個自己的實例，在 18 歲的時候她決定要考汽車駕照，路考時教練看到她穿著高跟鞋來應考，直接就告訴她說不用考了，因為穿那麼高的高跟鞋根本是考不過的，因為那個年代的車子是手排擋，一定要雙腳同時踩離合器和油門及煞車，但她堅持穿高跟鞋參加路考，就在「要比別人強，別人不行，我一定行」個性的驅使下，她不但考過，還拿下高分。莊總始終相信：「挑戰高難度才能展現與眾不同的信念，否則如何出人頭地？」箇中的道理。

2007 年「蘿琳亞」榮獲「美國匹茲堡發明展金牌獎」。

2007 年莊總代表「蘿琳亞」捐贈物資給「兒福聯盟」公益團體。「本乎企業良知、善盡社會公益」，這一直是「蘿琳亞」經營理念中最重要的一環。

2009 年儀態端莊、身材曼妙的莊總。

　　19 歲這年，莊總決定走向不同的人生，開咖啡廳
就是她從小的夢想，正當忙於籌備開設咖啡廳的時刻，
伯父聽聞她要付 80 萬元的裝潢費，特地請了父親跟她
商議，說可以用 30 天的支票向他借現金，伯父希望莊
總可以用支票來支付裝潢費，這樣不但能幫她，還可以
賺取 2.6% 的利息，而工人也能順利收到 1 個月期的支
票。結果一個月後支票跳票，伯父沒付她任何費用，而
她又得再付一次 80 萬元給工人，這晴天霹靂的結果讓
她深深受創，如同跌入深淵，當時無限的氣憤、懊惱、
悲傷，而自己也哭到連氣都喘不過來。這是她人生第一
次創業、第一次開店，也是第一次被騙光所有的積蓄，
裡頭還包括男友投資的資金，最糟糕的是還要去借 80
萬元來付裝潢款，真不知該如何是好。

　　對人生始終懷著夢想的莊總，在她 20 歲時打算開
貿易公司，不過到了要查看會計小姐的帳和進出口的文
件時，才驚覺自己的學歷不足，所謂的「書到用時方恨
少」，於是就到南港國中的夜間部就讀，而且還請了家
教一早 6 點到家中補習，每週一、三、五補英文，二、
四、六補會計。這時才領悟到父親當初為何要她繼續升
學的道理，不過為時已晚，只得自我多努力多充實，如
此才有機會更上一層樓。

　　23 歲是莊總人生另一個轉折，奉父母之命在 1 月
15 日與已交往 4 年的男朋友結婚，同年 12 月 9 日生下
女兒，而寶貝女兒也成了她最疼惜的人，是她日後生活
的重心與支柱。

2010 年的莊總。堅持「創新、實踐、至善」，
是「蘿琳亞」也是莊總對自家產品經營努力
的目標。

　　結婚後莊總的先生負責經營公司，不過就在她 26 歲的那一年，先生在日本的公司因經營不善而倒閉，先生不得已在臺灣私下向朋友借了高利貸，每月 6% 的利息，讓先生被財務問題壓得喘不過氣，於是只好跑到日本去躲債，過了一段時日，先生返臺重新面對債務的問題，請律師協助處埋，才以分期方式最後終於還清了債務。對莊總而言，人生當中總有許多起起伏伏，選擇面對問題而不逃避問題，才是處理事情的態度，尤其是處理人的問題，更要以誠懇的態度來對待別人。

　　對於「發明研究」似乎是莊總與生俱來的一項天賦，27 歲的這年她自行設計一款「可活動式梳子」（可惜當時還不知道可以去申請專利），設計出來就請工廠代工做模子，然後再自行加工、裝箱、報關出口到日本。當時她把家裡當成工廠，請了妹妹和鄰居到家裡做家庭代工，這次她再次拿出做女工的精神，日以繼夜、不眠不休的工作，因為是自己從製作到銷售一手包辦，中間沒有經過代理商，所以利潤相對較多，終於幫先生還清了債務，還賺了 500 萬元。27 歲讓莊總體會到「生活中的不便利就是刺激發想的原動力」，兒時生活的困難和不便讓她有很多的想法，而她總是不間斷地在思考，想如何以簡便的方法來排除困難，以及如何改變不方便的事物。這個信念，給了她自己在解決問題與創造力的開發有相當大的激發。

　　人生就像是在坐雲霄飛車一樣，有高也有低，很難平順沒變化，32 歲因為兄長大力的鼓吹，讓她投入 500 萬元資金開設臺灣全省貨運行，當結束經營時，經結算發現虧損高達 1025 萬元。對於這次經營上的失利，再次讓她嘗到做生意的失敗，這也使得她開始重新思考人和錢財之間的關係。不僅是生意上的失利，與先生的婚姻也亮起紅燈，在和先生離婚之後到寺廟住了一段時間，除了在廟裡當義工，也同時兼做保險業

務。一次，經過好友介紹認識了一位代書，他看莊
總是單親媽媽，所以想幫她找賺錢生財的機會，
於是大力向她遊說，並保證借出去的錢是安全
無虞，當時對於他的幫忙讓莊總非常的感
動，於是到銀行抵押房子，借了 70 萬元
並交給他來理財（有關房屋二三胎的質
借業務），以賺取每月 2.4% 的利息，結
果不到 1 個月，這名代書捲款潛逃到大
陸。當她接到友人緊急通知時，莊總正在
KTV 與朋友聚會，接到友人的電話，當時她只
淡淡回答 4 個字：「我知道了」，掛了電話就繼
續唱歌，心情並沒有太大起伏，友人還一頭霧水再
次來電詢問她，怎麼好像沒事。莊總這時才發現，
自己的人生在歷經過這麼多的變化曲折，已經學會
什麼叫做「淡定」，也領悟到無論發生任何事，生
活一樣得過，工作一樣要做，只能告誡自己，只有自
己能幫自己，天下沒有白吃的午餐，當你想要人家的利，
人家卻可能要的是你的本，而無論是什麼樣的誤失，自己
沒有理由和藉口，所有成敗都是自行承擔的。

2011 年的莊總。每次莊總聽到別人讚美她天生麗質，她
總是回應：「身材的保持，絕對不能只依賴天生的條件。
天生是絕對可以被後天給改變的。而好的身材是要用對
方法和穿對衣服，至於令人不滿意的身材，則是因為你
沒有好好對待自己的身材才會造成的」。

　　36 歲莊總在經過這麼多的考驗，終究體會到自己雙手在縫紉機上舞動的感覺才是最踏實的，針線穿梭的律動感仍是自己最感動的節拍，於是繞了一大圈後，再回到裁縫業。這次她重新選擇一間成立於 1972 年的傳統束腹訂製店，「瑪丹尼內衣定做店」，作為她人生新的起點，並且從女工開始做起，莊總很快就敏銳的觀察到，店內三角褲型束腹在塑身功能上是有所不足，而花色與剪裁也比較單調，同時也意識到塑身衣的市場，未來一定會有很大的需求性，於是就和當時的第二代傳人鄧民華先生商討，和他達到共識，開始著手進行塑身衣的改良，試圖跳脫傳統內衣塑身衣的窠臼，兩人一起合作開拓塑身衣新的格局，而「蘿琳亞」這名號就在這樣的情況下正式誕生。

　　「蘿琳亞」的事業能如此快速而順利的拓展，關鍵在於莊總與鄧董兩人有個共同信念，那就是「繼往開來、創新實踐」。「蘿琳亞」承襲並吸取過去優良深厚的基礎，加上不斷發現問題，並戮力於找尋新方式的解決與突破，誠如在公司剛開始之時，就先從當時店內最基本款的三角褲型束腹開始著手，經仔細觀察發現三角褲型會把臀部切割分為 4 個部分，不但不美觀也不舒服，穿著者還經常要去拉它，塑型效果不佳，身形也容易走樣，於是就先開發平口褲型的款式，這因此解決了過去穿著塑身衣最基本的問題。

　　對於一般人而言，解決了一個問題應該就可以鬆口氣暫告一個段落了，不過莊總與鄧董兩人並沒有就此罷休，對於他們來說，「只有絕對的完美，而沒有接近的完美」，於是在剛研發出平口褲型之際，他們又有新的想法，因為他們發現，當塑身衣對小腹束縛程度越多的時候，也會連帶導致平口褲型的腹部力道變強，如此一來，當活動時會造成陰部的不舒服。為了求得更完美曲線，並解決這些問題，便下

定決心，試圖做別人做不到，挑戰高難度的困難，想研發出：「如何能把力道往下移才不會卡到陰部，並且可利用束縛住大腿的力道，讓塑身衣可以往上拉而且還能穩住陰部的拉力，且要做到改善分段處擠出肉的醜態，又能舒服的穿著（消弭陰部拉力的疼痛），同時又具備束縛住大腿的功能。」剛開始完成初模的「連身短褲管版」時，為了考量如廁的便利性，還花了非常多的時間進行實驗，雖然上廁所的問題得到解決，但還是未盡完美，所以又決定朝褲管方向進行研究，特別是針對側穿的方式繼續研發，在反覆不斷的研發實驗後，終於找出側穿角度的最佳位置。當整件新版的塑身衣完成時，莊總興奮得難以用言語表達，因為這是破天荒的創舉，過去從來沒有人能將一件沒有彈性的塑身衣，改造成具有連身又有束縛大腿功能的一件式連貫塑身衣，而且還能方便如廁的設計。

另外，說到研發的創舉，莊總還曾花了 4 年的時間，研發出全世界第一件無感一體成型的塑身衣（它可完整雕塑胸型、腰身、小腹、臀部、大腿）。莊總的研發始終都是從女人的同理心作為出發點，以人為本不斷為商品的改良和創新而努力。莊總深刻體會到，大部分的女人都會結婚生子，懷孕過程中，子宮下垂、腰部酸痛，甚至產後身材的走樣，這都讓她更加堅定的認為，每個女人都應該要有一件功能完善的塑身內衣，讓它成為女人身材的幫手，幫助女性調整出美麗的身體曲線。這也呼應她深信不疑的信念，那就是「因為同樣身為女人，所以更能了解女人的需要是甚麼」。

「效果要好、穿脫簡單，如廁時更要方便性」是莊總對塑身衣的基本要求，為了達到這樣的要求，莊總秉持著「自己穿起來都有問題，更何況是別人」，所以每一款新開發出來的塑身衣，都要經過她嚴格的

2013 年的莊總。她相信魅力一定是要由內而外。而她對「美」的看法,相信那是一種對自我充滿自信的自然流露。

2016 年的莊總。她已被公認是「形塑臺灣女性體態美的教母」。

把關,把關的方式就是她都要親自穿過。而研發的過程中,她常常把實驗品穿在身上身體力行,在實驗過程任何狼狽的狀況都是常有的事,透過不斷改變和研究,才能真正做出一件穿上腰身曲線明顯,穿脫簡單,不管是上廁所還是生理期都不會造成女性困擾的塑身衣,所以如此才能創下塑身衣界的許多創舉。

穿著塑身衣已有 30 多年的經驗的莊總,有人人稱羨的 23 腰少女身材,每一位看到她完美的身材,都會讚嘆說她是天生麗質,稱說這一定是天生的。每次莊總聽到別人對她這般的讚美都會回應:「身材的保持,絕對不能只依賴天生的條件。天生是絕對可以被後天給改變的。而好的身材是要用對方法和穿對衣服,至於令人不滿意的身材,則是因為你沒有好好對待自己的身材才會造成的。」作為「蘿琳亞」最佳代言人的莊總,以身力行、未曾間斷穿著自家品牌的塑身衣,以實際行動驗證「蘿琳亞」的好,說莊總是「蘿琳亞」最完美的活廣告,那可是一點都不為過。

2017 年的莊總。莊總在開發產品最根本的精神是
「要能符合人性」。

2016年的莊總。「蘿琳亞」每進行一項商品的研發，
都要經過莊總親自穿著的體驗，經過實際穿著嚴格
考驗之後才能上市銷售。

技術創新的榮耀

品牌專利

　　「蘿琳亞」自公司成立以來就不斷在技術的層面追求卓越，始終以力求精益求精的態度，不斷在創新與研發上作自我的超越，舉例來說，深受海內外同業稱羨的「雙S型拉繩」專利，就是一項劃時代的突破，因為這項技術的研發，解決了長期以來，束腹穿著上的問題，這項研發它讓穿著者可自行調整鬆緊度，同時也能兼顧身材的曲線，不但穿脫時更為便利，在機能與塑力的調整上，也都相較過往的款式表現更加的優異，而且外觀上也較過去的束腹更具美觀，甚至還可以直接外穿。另外，莊總所研究開發出全世界第一件「連身、有褲管及褲底」的塑身內衣，它讓全身上下從胸罩到褲底一體成型，也就是說「從胸型輪廓延伸到腰身曲線，再延伸到小腹管理，最後到達臀腿線條」，一件式塑身衣就可以雕塑出完美的身材曲線，為人類塑身衣的歷史帶來革命性的開創。

　　其實不僅是「雙S型拉繩」與「裡外上下一體成型」這兩項專利，「蘿琳亞」前後已分別在臺灣、中國與日本等地，取得多項獨家專利。

在中國取得 3 項專利：

　　1. 2002 具機能調整的全束型塑身內衣結構實用 新型專利證書第 570659 號

　　2. 2007 機能型塑身衣繩釦式結構 證書號第 898027 號

　　3. 2007 具調整全束型之塑身衣暨塑手臂結構 證書第 913024 號

在日本取得 2 項專利：

　　1. 2002 全身形調整著實用新案登陸證 登陸第 3093375 號

　　2. 2006 機能補正下著の鈕掛は式構造，實用新案登陸證登陸第 3123711 號

　　至於在臺灣至 2017 年為止共獲得 24 項專利，以下依序分別加以說明。

1 具機能調整之全束型塑身內衣暨泳裝結構

專利字號	申請國別	專利起始
新型第 174707 號	中華民國	民國 90 年 6 月 16 日

構想來源

經過客人反映胯下擠肉的問題，所以又再往腿部研發出有褲管的設計，以修飾擠肉的缺點，這項「褲底開拉鍊」新觀念的設計是很大的突破。

圖示與重點

1. 側邊鈕釦
2. 後腰線橫向剪接
3. 束大腿長褲管設計：褲底加襯墊＋拉鍊底勾固定＋修飾勾（可以調整鬆緊度）
4. 褲管勾子（可以調整鬆緊度）
5. 開發透明布料

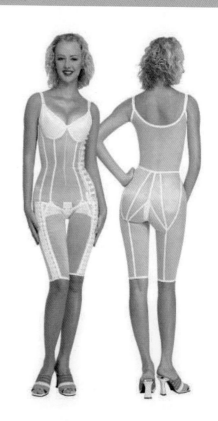

針對現行缺點的改良

1. 長期以來市面上塑身衣大都是連身的三角褲款，其缺點是束力不夠，臀部的包覆性也不好，而且臀部呈現四個部分，既不舒服又不美觀。
2. 所研發的平口褲款，可以完全包覆臀部，讓臀形更美觀，能有效改善過往的缺點。

2 具上半身雕塑機能塑身衣之改良結構

專利字號	申請國別	專利起始
新型第 M263763 號	中華民國	民國 94 年 5 月 11 日

構想來源

1. 為了因應客戶要求瘦手臂的需求，於是開始進行研發。這看似簡單的調整其實是很不容易，因為並非把袖子接上即可，尤其還要有塑身的效果，特別是當手臂活動時還會產生拉扯的連動性問題。

2. 為了要有穩定性的功能，所以在背部加強了左右肩拉力的設計，此一調整後竟然又多了一項預防駝背的功能。

圖示與重點

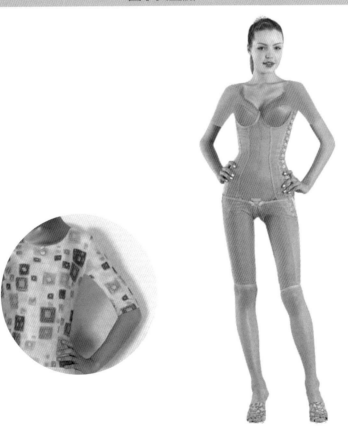

針對現行缺點的改良

讓塑身衣多加上瘦手臂功能，同時又多了防止駝背的構造。

3 無肩帶機能型調整塑身內衣

專利字號	申請國別	專利起始
新型第 M280129 號	中華民國	民國 94 年 11 月 11 日

構想來源

1. 因為看到客戶來修改衣服時，發現肩膀的肩帶處下陷很深，經詢問得知：「穿塑身衣已經穿了 10 幾年，感覺很緊，但沒有辦法，覺得不緊就沒有效果，不過太緊又會導致肩帶往下拉，其實是很不舒服，但為了身材所以一直在忍耐。」

2. 針對「肩膀下陷」這個問題，於是想到要從「無肩帶的塑身衣」方向去研發。不過布料是軟的，如何能達到能撐住又不會往下掉，於是從材質及製作方法進行測試，最後發現裝了軟鋼可以解決。

圖示與重點

針對現行缺點的改良

讓無肩帶式的連身塑身衣，也能有很好的塑身效果，尤其是對穿著無肩帶禮服的人而言是一大福音。

4 高機能連身形全塑式塑身衣結構

專利字號	申請國別	專利起始
新型第 M289983 號	中華民國	民國 95 年 5 月 1 日

構想來源

1. 由於女人的胸型並非固定單一的一種型態，為了能更符合女性的穿著，於是研究開發出「沒有胸罩的塑身衣」。

2. 在側邊片使用有彈性的布料（讓不同胖瘦身材的人可接受範圍更大），可以自由搭配女性自己的胸罩。這樣的設計，能提供給不想胸部有束縛，但卻又想要束腹、提臀、束大腿、塑手臂的穿著者，達到想要目的。

圖示與重點

針對現行缺點的改良

1. 針對簡單的幾個部位做調整，以吻合個人不同的需求。

2. 使用有彈性和沒彈性兩類布料的組合，如此更能符合易胖或易瘦的女性。

5 具機能調整之全束型塑身內衣暨泳裝結構

專利字號	申請國別	專利起始
新型第 M291708 號	中華民國	民國 95 年 6 月 11 日

構想來源

這是研發給不想要被胸罩束縛，也不需要褲管的塑腿，但卻想要達到束腹、提臀及塑手臂功能的一款塑身衣設計。

圖示與重點

針對現行缺點的改良

為塑身衣款式建立多元化的概念，以因應消費者不同需求，提供不同的款式。

6 連身調整型暨塑臂式塑身衣

專利字號	申請國別	專利起始
新型第 M289985 號	中華民國	民國 95 年 5 月 1 日

構想來源

針對客戶要求，希望能加上胸罩的款式，省去了再多穿一件胸罩麻煩所做的開發。

圖示與重點

針對現行缺點的改良

根據過往自家研發的成果重新調整，特別是針對想要在連身塑身衣上，多加胸罩需求的消費者，所進行的新款設計。

7 具調整全束型之塑身衣暨塑手臂結構

專利字號	申請國別	專利起始
新型第 M290379 號	中華民國	民國 95 年 5 月 11 日

構想來源

試圖把自家過往的專利加以統整，從塑手臂、防駝背、束胃、束腰、束腹、提臀、束大腿、護膝、束小腿等部位，進行全方位的整合，開發一款全功能的塑身衣。

圖示與重點

針對現行缺點的改良

把「蘿琳亞」過往所有專利的功能全部統整結合為一，為塑身衣開創新的里程碑。

8 機能型塑身衣繩釦式結構

專利字號	申請國別	專利起始
新型第 M289982 號	中華民國	民國 95 年 5 月 1 日

構想來源

1. 雖然自家的塑身衣已經相當不錯，但還是有美中不足的地方，那就是穿上貼身外衣後，發現側邊鈕釦鼓鼓的，而且又只有一邊有這種現象，外觀上很不好看，於是嘗試把釦子倒扣，減少明顯度。經過調整後，雖然有改善但還是未盡完美，於是又進一步研發出「S 拉繩」的設計，這也是「蘿琳亞」最得意的一項傑作。

2. 重新設計後又因為後腰有橫向剪接線，穿緊了會有明顯痕跡，而且也不舒適，尤其是長時間穿著時，勒痕會導致黑色素沉澱，出現明顯的腰部束痕，所以進一步推出改版型，讓整件塑身衣完全可以不用橫向剪接線。

圖示與重點

1. 正中胸前設計 S 拉繩，以借力使力達到輕鬆穿脫
2. 後腰線改版型：改為一體成型（橫向不剪接）
3. 束大腿長褲管設計：褲底加襯墊＋拉鍊底勾固定＋修飾勾（可以調整鬆緊度）
4. 褲管勾子（可以調整鬆緊度）
5. 開發透明布料

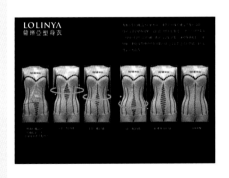

 放寬

 拉密

針對現行缺點的改良

1. 過往塑身衣用鈕釦，不但很難扣又會出現凸出的痕跡，左右兩邊也不對稱。改為「S 拉繩」後，不但非常容易穿上，又沒有痕跡。

2. 讓後腰不會再有一條明顯的勒痕與不舒服感。

9 高機能繩釦式腿部雕塑套結構

專利字號	申請國別	專利起始
新型第 M318330 號	中華民國	民國 96 年 9 月 11 日

構想來源

1. 利用 S 拉繩結構做其他商品的開發。
2. 針對腿部做局部小部分的研發，尤其是一般人所面臨的問題。

圖示與重點

針對現行缺點的改良

市場欠缺針對小腿塑形的商品。利用 S 拉繩特色所研發的塑小腿套單品，能有效解決靜脈曲張的問題。

10　高機能繩釦式塑身褲裝結構

專利字號	申請國別	專利起始
新型第 M318325 號	中華民國	民國 96 年 9 月 11 日

構想來源

1. 針對經常需要修改以及調整不便的問題進行研發。
2. 採一體成型的塑身衣的思考，讓長度到達腳踝，從大腿到腳踝以交叉式的拉繩為主要設計，以方便可以隨時調整鬆緊度，如此一來便可以不用常修改，如果瘦了，可以直接拉緊，讓塑身更符合人性。

圖示與重點

針對現行缺點的改良

穿著塑身衣之後會漸漸變瘦，在過往的處理通常是需要將塑身衣改小，相當麻煩又不經濟，而一旦設計出可以調整的拉繩之後，穿著者就可以不需經常修改。

11 全效機能調整繩釦式塑身衣

專利字號	申請國別	專利起始
新型第 M330749 號	中華民國	民國 97 年 4 月 21 日

構想來源

1. 考量能讓塑身的範圍增加的設計。
2. 以雙 S 拉繩取代單 S 的拉繩，讓塑身的範圍增加一倍（足足有 8 吋的調整空間），這讓想要減肥的人可以穿得久，減少開銷。

圖示與重點

針對現行缺點的改良

1. 雙 S 拉繩對於易胖或易瘦體質的女性更佳適合，因為有較大的空間可以調整，所以穿起來更舒服。
2. 特別針對想要減肥的人。

12 具拆解式罩杯結構

專利字號	申請國別	專利起始
新型第 M374751 號	中華民國	民國 99 年 3 月 1 日

構想來源

「蘿琳亞」長期以來都在思考能開發出因應不同需求的商品，尤其是針對塑身衣胸部的部分，想要研發可拆式罩杯的款式。

圖示與重點

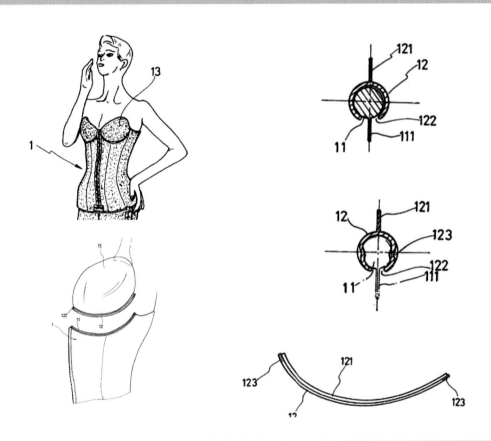

針對現行缺點的改良

1. 提出「組合式」概念的新設計，讓塑身衣款式更有彈性的變化。

2. 針對胸部此一重點依據消費者不同需求所做的研發，拓展塑身衣的消費市場。

13 拆組式罩杯結構

專利字號	申請國別	專利起始
新型第 M382020 號	中華民國	民國 99 年 6 月 11 日

構想來源

針對塑身衣胸部提出精進的設計，想研發出新型的可拆式罩杯款式。

圖示與重點

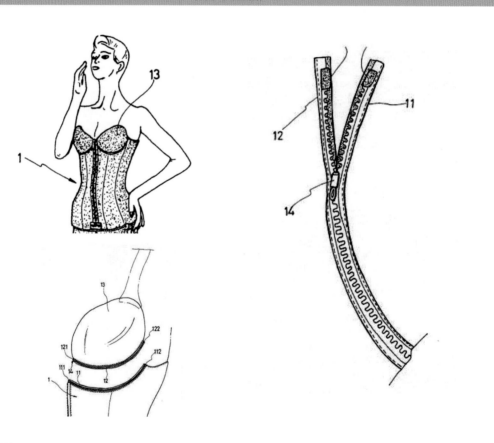

針對現行缺點的改良

針對自家過往已開發的可拆式罩杯款式提出新型設計。

14 可塑型之拉鏈結構

專利字號	申請國別	專利起始
新型第 M382038 號	中華民國	民國 99 年 6 月 11 日

構想來源

1. 為了落實「追求永無止境的完美」精神，特別針對塑身衣胸部的可拆式罩杯，再進行新款設計的研發。
2. 嘗試以拉鍊為方式進行的研發。

圖示與重點

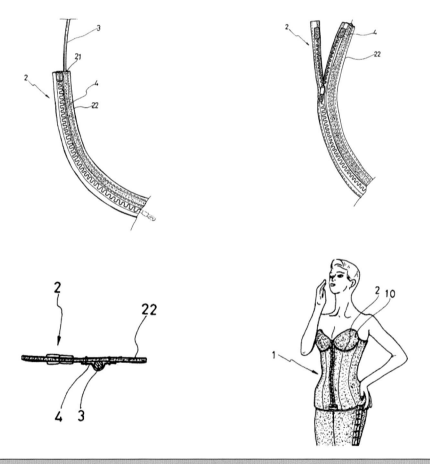

針對現行缺點的改良

1. 研發出市場所沒有的商品。
2. 主要是以拉鍊的結構為設計，讓塑身衣胸罩的拆解與組合更精細。

15 彈性塑身衣之繩釦結構

專利字號	申請國別	專利起始
新型第 M397161 號	中華民國	民國 100 年 2 月 1 日

構想來源

考量市場上大都是彈性材質的塑身衣，而其最大的問題就穿著時在固定上相當困難，於是研發了 S 拉繩的固定法，並適度加上彈性布料作為整體設計的思考。

圖示與重點

針對現行缺點的改良

為塑身衣的固定方式帶來新觀念，解決穿著時在固定上困難的問題。

16 背部微性展縮式塑身衣結構

專利字號	申請國別	專利起始
新型第 M405761 號	中華民國	民國 100 年 6 月 21 日

構想來源

1. 雖然「蘿琳亞」已研發出無肩帶款式的塑身衣，但是穿著無肩帶塑身衣若動作太大仍可能會有曝光的窘境，對此進行研發。

2. 考量穿著塑身衣時需要運動的關係，於是把褲管改為使用局部的彈性布料，如此不但活動更加方便，美觀也提升了。

3. 在背部製作上及打版剪裁進行修正。

圖示與重點

針對現行缺點的改良

1. 解決使用沒彈性材質卻能合身且可以伸展的問題。

2. 同時也解決肩帶拉力所帶來的疼痛及下陷的問題。

17 臀部微性展縮式塑身衣結構

專利字號	申請國別	專利起始
新型第 M409714 號	中華民國	民國 100 年 6 月 21 日

構想來源

1. 雖然「蘿琳亞」在之前已成功研發出「讓背部有伸展性」的設計，但進一步考量到，如何能穿著塑身衣時還可以做更大幅的伸展性運動（如瑜伽）。

2. 對於表面上出現不美觀的皺摺，想提出新的解決之道。

3. 要同時考量到功能上所需的長度，以及又要讓表面皺摺具有美觀性。

圖示與重點

針對現行缺點的改良

1. 除了讓背部的延展呈現出更好的伸展性之外，又增加了臀部的伸展度，讓穿著塑身衣運動時有更大的伸展空間，解決塑身衣伸展不佳的問題。

2. 讓塑身衣能同時兼顧功能與美觀。

18 具底褲之半身展縮型塑身衣結構

專利字號	申請國別	專利起始
新型第 M430858 號	中華民國	民國 101 年 6 月 11 日

構想來源

1. 考量因應市場針對簡單型塑身衣的需求。
2. 根據過往塑身衣較為繁複且多項功能中，從中擷取部分簡單但卻實用的重點，製作成束腹加提臀的簡易型款式。

圖示與重點

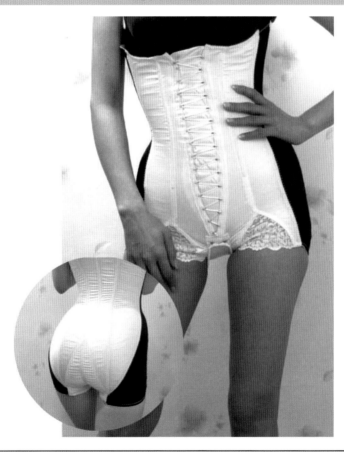

針對現行缺點的改良

1. 雖然「蘿琳亞」的塑身衣是全方位的，但考量年輕女性的身材基本上都很好，只想就束腹和提臀兩項所開發的商品。
2. 讓塑身方式有更彈性的選擇。

19 繩釦式塑身衣之改良結構

專利字號	申請國別	專利起始
新型第 M432278 號	中華民國	民國 101 年 7 月 1 日

構想來源

1. 就自家所獨創的「S 拉繩」勾法提出新的不同方式。
2. 嘗試在母勾加上拉繩，解決勾不到以及費力的問題。

圖示與重點

針對現行缺點的改良

1. 針對過去 S 拉繩研發出新款的設計。
2. 解決一般市售彈性塑身衣面臨穿著時固定的困難。

20 半身式展縮型塑身衣結構

專利字號	申請國別	專利起始
新型第 M434463 號	中華民國	民國 101 年 8 月 1 日

構想來源

考量市場沒有單品塑身褲的產品，所以想要研發一款，從中擷取胃部以下到腳踝的 (高腰塑身褲) 半件式產品。

圖示與重點

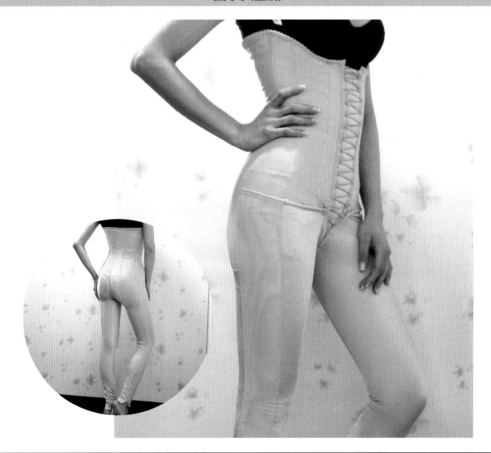

針對現行缺點的改良

1. 改善市場較為欠缺的款式。
2. 針對想要胸部以下塑身的女性，研發出一款既沒有肩帶又沒有胸罩的高腰塑身褲。

21 具微調式護頸結構

專利字號	申請國別	專利起始
新型第 M458212 號	中華民國	民國 102 年 8 月 1 日

構想來源

考量到過往塑身衣的概念都沒有關注到頸部,因為手機及電腦普及之後,頸部不舒服的問題伴隨而來,故針對此一問題想研發軟鋼護頸單品。

圖示與重點

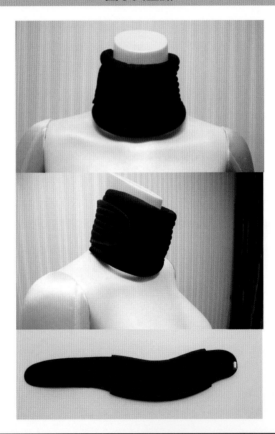

針對現行缺點的改良

市面一般的護頸不是太粗就是笨重,樣式也很難看,所以針對布料的選擇以及結構版型上的調整,讓使用者戴上後,可達到護頸功能,而且也很舒服。

22 機能型塑身衣釦件改良結構

專利字號	申請國別	專利起始
新型第 M521346 號	中華民國	民國 105 年 5 月 11 日

構想來源

針對釦件提出新的改良，讓拉繩固定時更進化。

圖示與重點

針對現行缺點的改良

這款新的研發雖然只是小改變，但卻大幅提高拉繩時的效果。

23 胯下雙層之塑身衣結構

專利字號	申請國別	專利起始
新型第 M538709 號	中華民國	民國 106 年 4 月 1 日

構想來源

1. 針對塑身衣研究試圖研發出可以外穿的款式。

2. 當塑身衣外穿時，最大的問題就是「褲底拉鍊會外露」，因為看起來很不雅觀，所以重新研發褲底的構造。

圖示與重點

原：褲底拉鍊設計

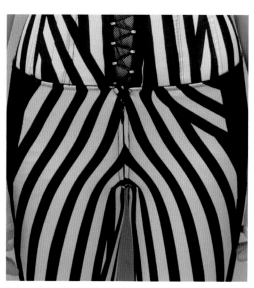

新：褲底雙拉鍊設計

針對現行缺點的改良

由於褲底的拉鍊是從單拉鍊改為雙拉鍊，如此一來有效解決胯下部位結實度不夠及走光的問題。

24 塑身衣改良結構

專利字號	申請國別	專利起始
新型第 M550554 號	中華民國	民國 106 年 10 月 21 日

構想來源

1. 傳統的迷你款塑身衣的褲底是前開式，而塑身衣是橫向 360 度及直向 360 度的束力，然而前開式的褲底會因為上完廁所後拉不到及拉不回原來的釦勾處，所以束越緊就越難穿得回來，需要花費很大的力氣，非常困擾。也因此開始研發迷你短褲款的褲底拉鍊設計。

2. 因為沒有褲管的力道來穩住褲底，可能會導致褲底勒進陰部而不舒服及疼痛的問題，所以把褲底的面積加大（呈平面狀），讓硬度分散提高舒適。

圖示與重點

原：褲底前開式底勾

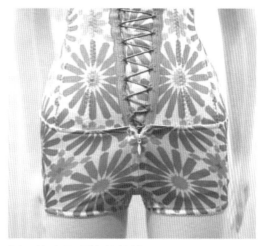

新：褲底平面拉鍊設計

針對現行缺點的改良

有效解決穿著者在活動時和運動中，因身體伸展而連帶塑身衣的牽動，讓塑身衣凹陷入陰部導致不舒服或疼痛的問題。

得獎成就

「蘿琳亞」所推出的產品堪稱是「金牌商品」，因為「蘿琳亞」曾在 1999 年榮獲全國消費金牌獎、精英獎。1999 年榮獲中華民國優良企業商品顧客滿意度金質獎。2000 年榮獲全國消費金品獎。2001 年榮獲全國消費金牌獎。2004 年榮獲消費者頂級商品金鑽獎。2006 年榮獲國家品質保證金像獎。2007 年更榮獲國內經濟部優良設計的認證，在同類產品中可說是獨占鰲頭。其實「蘿琳亞」不僅在國內受到國家級高規格的肯定，同樣也在海外國際間榮獲許多殊榮，揚名四海為國爭光，堪稱是「臺灣之光」。在諸多的榮耀中最值得一提的，也是同業口中津津樂道，望塵莫及的有五大驕傲：其一是，2006 年德國紐倫堡 IENA 發明展榮獲金牌獎。其二是，2007 年瑞士日內瓦發明展榮獲金牌獎，大會並特別頒發韓國女發明人獎。其三是，2007 年美國匹茲堡發明展榮獲金牌獎，以及外加「醫療類銀牌獎」、「替代性醫療銅牌獎」、「大會韓國特別獎」、「大會成就獎」等四項獎項的殊榮。其四是，2017 年韓國發明展金牌獎及最高榮譽大會特別獎；此次參賽值得一提的是，參賽多達 30 個國家 632 件作品中，大會最後僅頒發 10 個大會最高榮譽特別獎，「蘿琳亞」就是其中之一。

其五是，2018 年瑞士日內瓦國際發明展，「蘿琳亞」以「塑身衣改良結構」和「胯下雙層之塑身衣結構」這兩項專利參展，在全世界各國翹楚的激烈競逐之下，最後各分別勇奪一面金牌，並且還榮獲大會所

1999 年「蘿琳亞」榮獲「中華民國優良企業商品顧客滿意度金質獎」。

2006 年「蘿琳亞」榮獲「國家品質保證金像獎」。

2006 年「蘿琳亞」榮獲德國紐倫堡 IENA 發明展「金牌獎」。

2007 年「蘿琳亞」榮獲瑞士日內瓦發明展「金牌獎」，以及大會所特別頒發的「韓國女發明人獎」。

2007 年「蘿琳亞」榮獲瑞士日內瓦發明展「金牌獎」，以及大會所特別頒發的「韓國女發明人獎」。

2007 年「蘿琳亞」於美國匹茲堡發明展榮獲「金牌獎」，以及外加「醫療類銀牌獎」、「替代性醫療銅牌獎」、「大會韓國特別獎」、「大會成就獎」等四項獎項的殊榮。

頒贈的「中國代表團特別獎」。「蘿琳亞」獨步全球創新的成就,再次
讓全世界見證「束腹的第三次進化」,它的發生就是來自臺灣!

「蘿琳亞」締造顯赫的「眾金光環」,為國內塑身衣產業在國際
揚眉吐氣,開創出屬於臺灣的奇蹟與榮耀。

2017 年「蘿琳亞」榮獲韓國發明展「金牌獎」;
以及「最高榮譽大會特別獎」。

2017 年韓國發明展「蘿琳亞」榮獲最高殊榮。

2017 年韓國發明展「蘿琳亞」鄧董與莊總聯袂出席。

「蘿琳亞」參加 2018 年「第 46 屆瑞士日內瓦國際發明展」，鄧董（中）與莊總（右）分別手持勇奪兩面金牌的塑身衣，這項殊榮所締造的佳績，再次開拓臺灣人在國際競賽的榮耀。

莊總經理帶著國人的驕傲參加 2018 年「第 46 屆瑞士日內瓦國際發明展」。

鄧董（左二）與莊總（右一）於 2018 年「第 46 屆瑞士日內瓦國際發明展」，榮獲大會所頒贈的「中國代表團特別獎」。

鄧董（左）和莊總（右）於 2018 年「第 46 屆瑞士日內瓦國際發明展」與大會主席合影。

鄧董（左）和莊總（右）於 2018 年「第 46 屆瑞士日內瓦國際發明展」與大會主席合影。

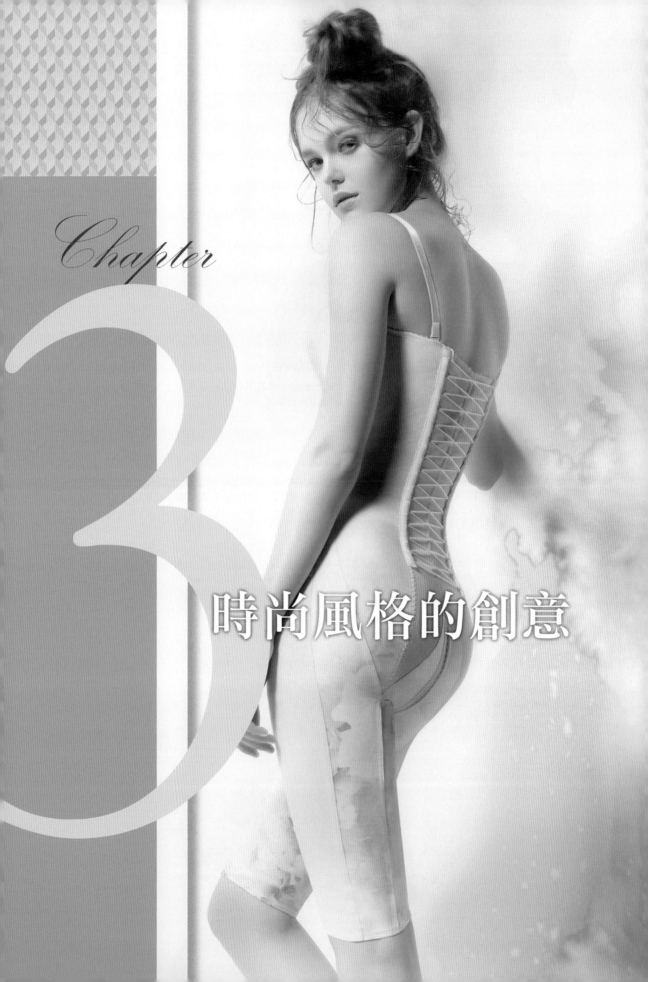

Chapter

3

時尚風格的創意

2008-2009
學院搖滾系列

幾何魔術風

業界首創線條幾何式罩杯設計。用幾
何線條力學概念，完美切割出女性胸
型的黃金比例，來達成視覺上完美的
效果。

魔幻海洋風

打破以往單一罩杯的設計，而用線條與網布拼接出的幾何胸型罩杯，達到美胸的效果。此款作品為幾何魔術風的另一款，俏麗的白色肩帶與網布鏤空罩杯的組合，呈現出一種極其舒適的海洋風格。

個性精品風

首創將龐克鉚釘作為內衣的配件，並在精心裁縫師的工藝下，手工縫製出業界第一款鉚釘罩杯。

叛逆搖滾風

業界首款時尚搖滾風格的作品。除了鉚釘,更將時尚搖滾風格中很重要的銅片元素,大膽配搭成為作品中的元素,再加上精緻花朵刺繡圖騰,突顯女性在叛逆中的柔美風格,完成這個突顯時代女性剛柔並濟性格的作品。

精緻性感風

這款作品採取雙層罩杯設計，第一層罩杯雕塑出完美
胸型，第二層則是蕾絲鏤空罩杯。另外可拆式肩帶的
貼心設計，讓服裝穿著的搭配上更為方便。

俏麗學院風

以經典蘇格蘭格子布首度展現在內衣工藝上,將百年不變的流行經典蘇格蘭格子布,作為訂製塑身衣的材質,呈現出一種屬於學院風的新思維。

天使魔鬼風

這款在業界首創深 U 版型的天使魔鬼風,採用百年經典的蘇格蘭格子布,並試圖詮釋天使與魔鬼這兩種對立的角色的組合,建構出一種衝突的意象。

魅力合體風

以獨創一體成型塑身內衣之工法，將
上衣跟塑身內衣融合在一起，成為一
件充滿時尚品味的百搭款塑身內衣。

2008-2009
夢幻女伶系列

浪漫東方風 I

這款獨創禮服式罩杯的設計，是
將罩杯採用禮服中的抓縐設計為
思考，藉此讓塑身內衣，更增添
高貴的風采。

時尚古典風

這款採用雙層罩杯、可拆式肩帶設
計，是專為喜歡優雅古典、又熱愛
追求時尚的女性而訂製。全件塑身
衣還特別採用蕾絲製作，以展顯出
柔美浪漫的內在美。

貓眼魅惑風 I

在原先的低胸罩杯之外，再縫上布，讓整體視覺有一種若隱若
現的貓眼效果，彷彿一雙貓的眼睛，充滿神祕與致命的魅惑，
讓人有意在言外、更大的想像空間。

貓眼魅惑風 II

神祕的貓眼，就如同神祕女伶所同
樣擁有的眼睛，在風情萬種的底
層，還有一種深邃，讓人越捉摸不
透的魅力。

貓眼魅惑風 III

延續貓眼的致命吸引力的概念，再推出黑灰色系的百搭款，
讓配搭更加容易之外，還能同時展現神祕性感的魅力。

清新優雅風

這套優雅清新的蛋白石藍色布料的作品，在胸型部分看來似乎簡潔，但其實它是採用雙層顏色，運用黃金比例概念所表現的一款作品。

高貴女伶風

用幾何線條完美切割出女性胸型的黃金比例。這款作品的胸型技法，與國際精品訂製服的技法完全相同，讓整件作品展現出極其高貴的復古氣質。

2008-2009
野性叢林系列

深 U 魔力風
突破人體工學的超深 U 設計，
完美解決以往穿低胸禮服無法
再穿塑身內衣的問題。

深 U 迷彩風

這款深 U 設計不管是在工藝或藝術，
都是業界中最具前瞻性的創作。在設
計上還特別將迷彩加上網布，以達透
氣的完美組合。

深 U 異國風

在布料上採用充滿原始叢
林符號圖騰的印花布料，
表現出叢林時尚的風格。

深 U 野性風

針對叢林中極致性感的豹紋圖騰，
加上深 U 的設計，展現出極度誘惑
的野性美。

高貴辣妹風

這款設計為業界首創異材質毛線的
作品。首開先例將毛線變成塑身衣
的使用素材，配搭上側面的超彈性
透明布料，呈現出一種異材質組合
風格。

貓眼叢林風

這款延續貓眼致命吸引力的概念設計，其最重要的特色就是在
胸部處所採用的布花，呈現出貓眼般神祕又性感的叢林風情。

浪漫東方風 II

精選最能襯托東方女性
膚色的藕色系，讓膚色
更顯白皙細緻，增添浪
漫又高貴風采。

都會野戰風

這款作品將「都會」與「野戰」這兩種
心情與情境巧妙做了組合，特別以迷彩
布為橋梁，展現都會充滿 Army 的風格。

2011 女王系列

高貴典雅風 I

延續「貓眼」特殊罩杯剪裁設計。這款
設計在原先的低胸罩杯之外，再縫上布，
讓整體視覺有一種若隱若現的「貓眼」
效果，彷彿一雙貓的眼睛，充滿神祕與
致命的魅惑，讓人有更大的想像空間。

高貴典雅風 II

這款設計在罩杯上使用雙層透氣布料，雖
然整件塑身衣是深色款，但藉由不同色塊
布料交織出獨具層次感的時尚風格。

時尚精品風

以幾何線條作為切割出女
性胸型的完美視覺，一直
是「蘿琳亞」品牌設計的
一大創舉，如何達到視覺
最佳的效果，全憑對於線
條拿捏的掌握。

浪漫柔美風

「蘿琳亞」品牌設計的另一
項創舉,就是大膽善用時尚
布料,藉由布料新思維的採
用,讓塑身衣不再只是穿在
衣服內的內在服裝,而是可
以真正達到「內衣外穿」
的,而且還是如此的時尚。
這款塑身衣採用時尚感的花
布為主題設計,讓花樣繽紛
浪漫布料展現女性的風華。

狂野性感風

胸部、腹部、腿部三區域,採用不同布料的
剪裁組合,雖然整件塑身衣製作過程相當耗
工,但卻讓這件作品不論在功能上或視覺
上,都表現出更具雕塑性的立體感。

2014
街頭運動風系列

系列 II — 檸檬黃色系

這款帶有復古味的時尚運動風，是以「檸檬黃」跟「粉紫」為兩主色，加上復古方格紋路的圖案，想要呈現美國 1960 年代的復古氛圍。此款在罩杯上方處，做了一個可愛的反摺設計，展現像「假睫毛」般的時尚戲劇效果。

系列 I — 粉亮橘色系

街頭運動風系列是以顏色作為系列設計的發想，以不同色系來建構不同的款式。這款作品是以「粉亮橘」為主的設計，它選擇了馬卡龍的主色之一，搭配上熱帶叢林感的動物圖案，展現出一種時尚的幽默。並且採用蘿琳亞經典款罩杯的設計，沿著杯緣，又滾綴上兩道圖騰花紋，彷彿馬卡龍上可愛的綴邊。

系列 III — 藍橘條紋色系

這款設計除了有藍、橘相
間的條紋之外，藍色上還
再加上橘色條紋跟拉繩的
「拼接」，呈現出一股濃
郁的海洋度假風的氣息。
整體設計還包括五分褲
型，讓外穿衣服搭配上更
具彈性。

系列 Ⅵ ─ 綠橘條紋色系

採用粉藍、亮橘、粉綠,三個馬卡龍主色的設計。由於加上「內搭褲」作為整體的設計,更可作為外出服的穿搭。

系列 Ⅴ ─ 紅白藍色系

採用紅、白、藍三色方格的設計,上半身跟下半身,又運用了「拼接」的時尚手法。款式上運用「雙層結構式」罩杯,讓運動風裡又多添一分的優雅。而「細肩帶」的設計,也多了那份性感的風情。整體設計還考量將「內搭褲」的結合,讓這款設計更顯現代時尚感。

系列 IV — 粉迷彩色系

這款「馬卡龍版」迷彩的設計，是以鮮明亮麗的色彩來展現年輕的活力。罩杯上方的反摺如「假睫毛」的特殊設計，意味城市叢林裡，柔美與運動的絕佳組合。款式中還加上五分褲的設計，讓塑身衣的穿著上還能同時兼具功能與時尚。

華麗宮廷風系列
2015

系列 I — 素雅經典款

採用米色布料及蕾絲製作，尤其是在罩杯的部分，在原本的胸形之外，又覆蓋上一層蕾絲，修飾胸形，呈現內斂優雅的宮廷氣質。

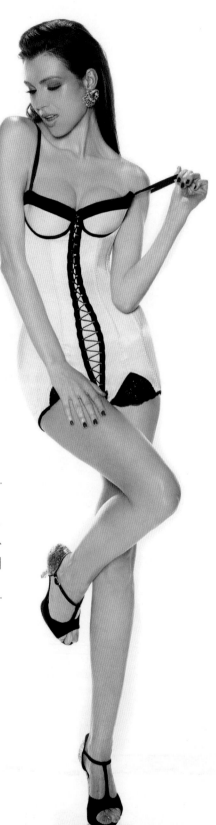

系列 II ─ 素雅經典款

雖然這款式設計走的是素雅款，
但是由於在工藝的細節都十分
講究，所以也能建立出帶有細
緻風格的經典樣式。

系列 III — 雕花圖騰款

古典雕花圖騰與豹紋紋路的巧妙結合，融
合古典宮廷風與現代野性的設計，展現頂
級手工「對花」工藝，讓塑身衣也擁有如
精品訂製服的質感。

系列 IV — 幾何棕櫚款

將棕櫚葉的圖形做了幾何處理，再
跟不同顏色的色塊做融合，展現極
其複雜的「對花」。這款設計還運
用圖形分配及線條走向，讓身體的
修飾有了最佳的效果。

系列 V — 筆刷塗鴉款

用筆刷塗鴉方式，將眾多花色集合在一起，於不同區塊展現出極致完美的拼接，讓整件設計猶如把身體視為是一塊畫布，在其上面任意揮灑，呈現出一幅具藝術性的現代畫作。設計中還以延展式的長形線條花紋，讓身材更顯苗條。

系列 VI ─ 變形圖騰款

整件採用變形花紋的圖騰設計，乍看左右圖案彷彿對稱，但細看其實細節的圖案並不相同。這款含有內搭褲的設計，兼具機能與視覺上的雙重效果，能作為全身身材的雕塑又能展現時尚的品味。

繆思女神

取自對美神無限的想像。藉由色彩中珍珠粉色襯托出晶瑩透亮膚質,並以色彩做視覺上切割,加上細部重點式的裝飾圖案,彷彿一位完美的女神是從天庭步入凡間,留下一股高貴優雅的芳香。

叢林幻境

層次豐富的常綠葉片散布在淺淺的淡藍色彩裡，
散發出屬於熱帶雨林的清新與亮麗，猶如飄盪在
充滿熱情活力的自然空間中。

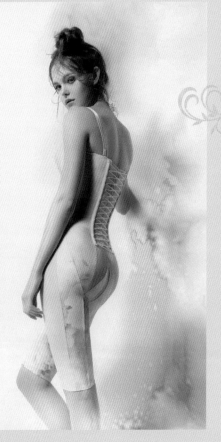

含苞待放

如同溼水彩般出現一朵朵令人驚喜
的花瓣,那如詩如夢雍容華貴的花
朵,盡情恣意的盛開,綻放出馥郁
的雅致芬芳。

活潑時尚

淡藍夢幻的童話世界,出現火鶴
點綴的到訪,讓粉嫩浪漫的色彩
多了一份童趣,輕柔的喚醒隱藏
於女性內心深處的那份童心。

歷久彌新

以黑與白不規則線條的交錯，擺脫
過去僵化又規律的排列，讓現代藝
術的視覺也可以變得如此優美，重
新詮釋出新的時尚藝術。

意亂情迷

是設計但更像是一幅賞心悦目的畫
作，除了利用陰影堆疊出立體感，
更以大膽對比的色調呈現出視覺無
限的豐富性，是絢爛熱鬧但又不失
高雅。

Chapter

4

經典特色的建立

創新研發

　　對「蘿琳亞」而言，研發與創新就是該品牌的「金字招牌」，長期以來「蘿琳亞」在創新研發可說是下足了功夫，產品能得到廣大消費者如此熱情的回應，關鍵因素就在此，所以如果上網查詢塑身衣專利或塑身衣創新，所跑出來的品牌訊息，就非「蘿琳亞」莫屬了。「蘿琳亞」擁有國內外多項的發明與專利，在此就列舉三項，堪稱塑身衣典範的經典之作。

　　在「蘿琳亞」多項發明中，最令「蘿琳亞」引以為傲的一項專利，那就是首創「拉鍊型褲底」。這款設計可貴之處，也是同業驚呼連連的，就是一切都在沒有任何可以參考樣本的情況下被創造出來，當時莊碧玉總經理拿自身當實驗品，她不只是靠想像，而是透過不斷的試驗，才找出兼具功能性和舒適

擁有國內外多項發明與專利的「蘿琳亞」已成為國際塑身衣產品中的第一品牌。

性的設計，當其他品牌仍採褲底挖洞設計時，「蘿琳亞」就已經研發出「拉鍊的褲底」，這項研發不僅方便如廁，還特別針對大腿內側360度環繞，消除贅肉並雕塑出大腿內外側的線條。一個巧思加上不斷反覆的實驗，這就是「蘿琳亞」能縱橫市場的原因。

「蘿琳亞」第二項震撼同業的創新，就是推出「一體成型的一件式塑身衣」。過去一般傳統式的束腹塑身衣，只有上半身，而「蘿琳亞」突破這種侷限，將塑身衣從上身一直延伸到下半身的腳踝，研發出史無前例的「一體成型的一件式塑身衣」，這項創舉看似簡單其實是非常的困難，這也難怪傳統的塑身衣從來沒越過跨褲底。「蘿琳亞」深信，一切都要經由研究開發才能創新及改良，而過程中從理論到製造到實驗到

「不斷研發改良，讓產品好還要更好」的這份精神，正是推動「蘿琳亞」不斷進化成長的動力。

體驗，是需要很長的時間。針對功能性的研發，雖然沒有一定的順序，而且常常是先製作，體驗過後才能找出理論，理論再進行實驗，最後再用體驗來達成最終的結論。整個過程都需不斷測試再修正，以追求卓越的精神才能正式產出這項成品。

「追求人性化的穿著」是「蘿琳亞」在商品研發過程的第一要求。

「S型拉繩」為「蘿琳亞」第三項創舉，莊總經理求好心切的個性激發她旺盛的創造力，她發現側邊鈕釦設計會浮出痕跡，穿著薄透上衣時不美觀，兩側邊的設計也不能對稱，經過多次測試，於是改成中間S型拉繩，如此的改變就可以單手自行調整力道，也可隨意願控制任何部位的鬆緊度，拉上後立刻看到6吋至8吋的雕塑空間，明顯感受到胸型拉高集中，脊椎如同有靠山般澈底挺直，這種效果也讓其他廠牌望塵莫及。「S型拉繩」同時也解決了「鈕釦」的不足缺失，莊總她本身非常要求塑身衣在舒服度、塑身度、美觀度都要達到滿分，經過不斷實驗過程中她讓「S型拉繩」達到更多使用上功能，不但取代過往鈕釦固定的問題，還一口氣同時解決舒服度、塑身度、美觀不足的問題。這項創新發明所有的材料（公勾與繩子），以及塑身衣的製作，全部改變做法及換新原料和材質，這種破釜沉舟的決心與堅定；以及把品牌經營當成是為歷史留名的一項志業（而不是職業），相信都是非他牌能有的擔當與氣魄。

「蘿琳亞」的塑身衣是依照每一位女性不同的身材與體型，以極為精密與專業之技術打造而成的。

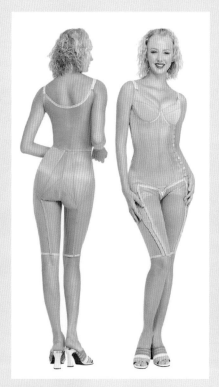

透棕正＋背。

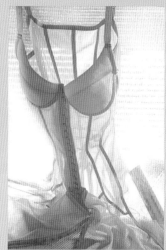

2001 年「蘿琳亞」推出全球獨創
「透明布料上加印花」的塑身衣。

專利 S 拉繩迷你短褲款塑身內衣。

體驗，是需要很長的時間。針對功能性的研發，雖然沒有一定的順序，而且常常是先製作，體驗過後才能找出理論，理論再進行實驗，最後再用體驗來達成最終的結論。整個過程都需不斷測試再修正，以追求卓越的精神才能正式產出這項成品。

「S型拉繩」為「蘿琳亞」第三項創舉，莊總經理求好心切的個性激發她旺盛的創造力，她發現側邊鈕釦設計會浮出痕跡，穿著薄透上衣時不美觀，兩側邊的設計也不能對稱，經過多次測試，於是改成中間S型拉繩，如此的改變就可以單手自行調整力道，也可隨意願控制任何部位的鬆緊度，拉上後立刻看到6吋至8吋的雕塑空間，明顯感受到胸型拉高集中，脊椎如同有靠山般澈底挺直，這種效果也讓其他廠牌望塵莫及。「S型拉繩」同時也解決了「鈕釦」的不足缺失，莊總她本身非常要求塑身衣在舒服度、塑身度、美觀度都要達到滿分，經過不斷實驗過程中她讓「S型拉繩」達到更多使用上功能，不但取代過往鈕釦固定的問題，還一口氣同時解決舒服度、塑身度、美觀不足的問題。這項創新發明所有的材料（公勾與繩子），以及塑身衣的製作，全部改變做法及換新原料和材質，這種破釜沉舟的決心與堅定；以及把品牌經營當成是為歷史留名的一項志業（而不是職業），相信都是非他牌能有的擔當與氣魄。

「追求人性化的穿著」是「蘿琳亞」在商品研發過程的第一要求。

「蘿琳亞」的塑身衣是依照每一位女性不同的身材與體型，以極為精密與專業之技術打造而成的。

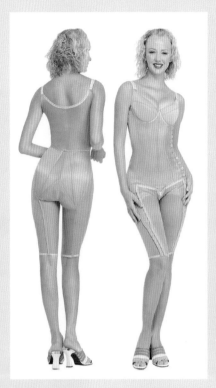

透棕正＋背。

2001 年「蘿琳亞」推出全球獨創
「透明布料上加印花」的塑身衣。

專利 S 拉繩迷你短褲款塑身內衣。

2006年「蘿琳亞」舉辦塑身衣走秀發表會。這也是國內首度有塑身衣廠商，
以此方式公開展示商品，讓同業見識到「蘿琳亞」另一項的首創。

「蘿琳亞」不僅在產品的開發上發揮研發與創新，同樣在行銷策略上也是秉持這項精神。例如，早在「蘿琳亞」成立之初，鄧董就首開先河推出「移動式 VIP 行動服務車」，讓「一通電話就能到府服務」的夢想能有效落實，當然這項創舉都讓同業敬佩得五體投地。

專利 *S* 型拉繩

「蘿琳亞」首創的「S型拉繩」有效提升塑身衣的穿著方式與概念。

副乳

提胸

束胃

塑腰

束腹

褲底

1.後手臂是否有包覆到? ——————— 後手臂

2.是否有軟鋼設計預防駝背功能? 背部

3.胸部是否有提高?

4.副乳是否有包覆到?

5.馬上縮小幾公分?

6.馬上縮小幾公分?

7.馬上縮小幾公分?

8.是否有方便如廁的拉鍊設計?

9.是否有提臀線設計? ——————— 提臀

10.是否有雕塑大腿內外側? ——————— 大腿

「蘿琳亞」針對穿著塑身衣的 10 大問題做出完美的解決。

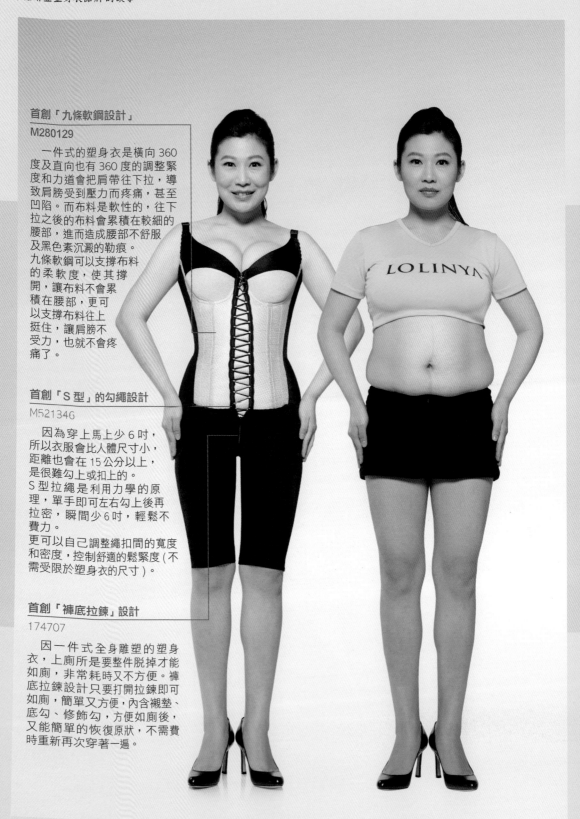

首創「九條軟鋼設計」
M280129

　　一件式的塑身衣是橫向 360 度及直向也有 360 度的調整緊度和力道會把肩帶往下拉，導致肩膀受到壓力而疼痛，甚至凹陷。而布料是軟性的，往下拉之後的布料會累積在較細的腰部，進而造成腰部不舒服及黑色素沉澱的勒痕。九條軟鋼可以支撐布料的柔軟度，使其撐開，讓布料不會累積在腰部，更可以支撐布料往上挺住，讓肩膀不受力，也就不會疼痛了。

首創「S 型」的勾繩設計
M521346

　　因為穿上馬上少 6 吋，所以衣服會比人體尺寸小，距離也會在 15 公分以上，是很難勾上或扣上的。
S 型拉繩是利用力學的原理，單手即可左右勾上後再拉密，瞬間少 6 吋，輕鬆不費力。
更可以自己調整繩扣間的寬度和密度，控制舒適的鬆緊度 (不需受限於塑身衣的尺寸)。

首創「褲底拉鍊」設計
174707

　　因一件式全身雕塑的塑身衣，上廁所是要整件脫掉才能如廁，非常耗時又不方便。褲底拉鍊設計只要打開拉鍊即可如廁，簡單又方便，內含襯墊、底勾、修飾勾，方便如廁後，又能簡單的恢復原狀，不需費時重新再次穿著一遍。

「蘿琳亞」一件式塑身衣的專利與研發，能讓穿著者立即達到豐胸、美背、束胃、塑腰、提臀、美腿等 15 項完美曲線。馬上減少 6-8 吋的效果 (圖之一)。

首創「背腰部微縮皺」設計

M405761

　　塑身衣布料是沒有彈性的，對橫向的雕塑緊度是很完美的，但直向沒有彈性部分，會導致人體伸展受到限制，所以一直以來穿束衣的人都很優雅（不太能動）。

　　背腰部微縮皺讓穿著的人可以往前彎曲，衣服會隨著身體有延伸長度的空間，不會因拉緊肩帶而導致肩膀疼痛不舒服。

首創「臀部微縮皺」設計

M409714

　　讓蹲下或坐著或活動時不會緊繃或被拉扯住，也讓彎曲及運動的角度更順暢及舒適。
首創「臀部微縮皺」設計

首創「股溝胯下微縮皺」設計

M430858

　　可以讓臀部更有型（呈水蜜桃形狀）。

首創「雙拉鍊」設計

M538709

　　有褲底的連身塑身衣一直以來都是屬於內衣類，所以外衣長度一定要超過臀部，否則會有內衣外露的曝光窘境。

　　褲底雙拉鍊的內層拉鍊是如廁使用的，外層拉鍊是隱形的，有修飾及美觀的作用，所以可以直接當外衣穿，可以省略再穿裙子或褲子（讓身形更纖細）。

首創「褲底平面」設計

M550554

　　為使穿著時的活動和運動中，身體因伸展而連帶牽動塑身衣的關係中，會凹陷入到陰部導致不舒服或疼痛，有褲底「平面」設計就可避免凹陷入使用者之陰部所導致的不適了。

「蘿琳亞」一件式塑身衣的專利與研發，能讓穿著者立即達到豐胸、美背、束胃、塑腰、提臀、美腿等 15 項完美曲線。馬上減少 6-8 吋的效果（圖之二）。

這款以「塑身衣改良結構」為主題名稱的創新研發，已於 2017 年取得國家專利。該款專利的研發，特別是針對過往一般人在穿著塑身衣，當身體伸展而連帶牽動塑身衣時，所導致陰部不舒服或疼痛的問題，提供了有效的解決。而這項創舉也為「蘿琳亞」所引發的「束腹的第三次進化」，再添一筆成功的案例。

「蘿琳亞」所引發的「束腹的第三次進化」，主要強調的是「以無彈性的布料加上軟鋼條的支撐，來讓穿著者既能達到真正塑身的效果，又能讓肢體擁有最佳的活動量」，這個全新的概念和技法，與「第二次進化的束腹」有很大的不同。

　　回顧人類束腹從「傳統」到「第二次進化」發展的脈絡，更讓我們感受到「蘿琳亞」為世上帶動的「第三次進化」，所造成的革命性影響。

傳統的束腹

從 16 世紀到 1910 年代，束腹整件是硬挺。

16 世紀

1730-40 年代

束腹的第一次進化

從 1920 年代開始之後，束腹款式出現了更多樣的變化。

1927-28 年

1928 年

束腹的第二次進化

從 1930 年代開始之後，由於新素材布料材質的研發（特別是在 1959 年彈力纖維，「萊卡 Lycra」的誕生），讓束腹從過去的「硬挺僵硬」，演化到「柔順彈性」；而除了布料之外，再加上拉鍊的應用，這些種種都改變了束腹過往的樣貌與概念，而出現了再次的進化。

1934 年

1940 年代

素材開發

　　「蘿琳亞」塑身衣在使用功能上已經達到無懈可擊的完美境界，深得消費者的好評，但「蘿琳亞」認為這樣還不夠，在他們的觀念中，塑身內衣不該只是為了型塑身材而已，「蘿琳亞」更希望挑戰傳統思維，試圖建立新的典範，那就是除了要好穿，還要好看有魅力，所以「蘿琳亞」也視布花與設計這兩項為發展的重點，為此「蘿琳亞」更是卯足了全力，為業界開創出史無前例的創舉。「蘿琳亞」超越同業的塑身衣，擺脫塑身衣傳

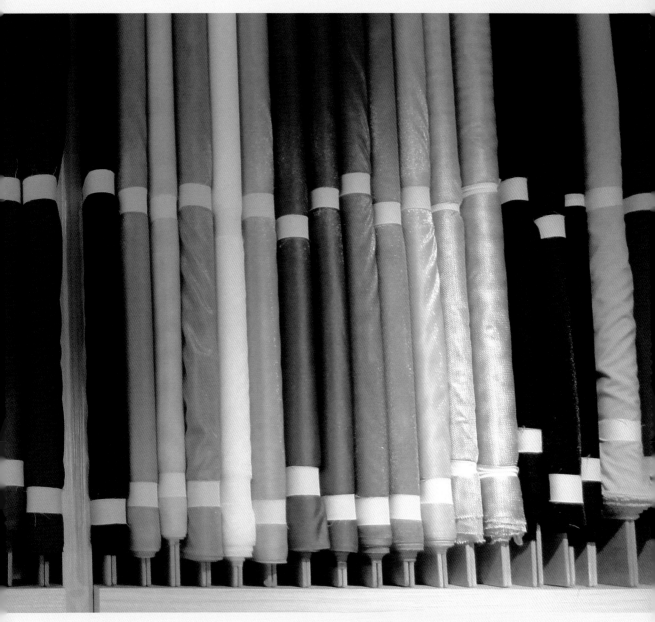

「蘿琳亞」認為塑身衣不該只是為了型塑完美的身
材，塑身衣本身還要好看，也因此在布花的開發上
「蘿琳亞」更是煞費苦心。

統給人的印象，展現時尚又充滿魅力的流行感，呈現同業所沒有的多樣設
計風格，所以每一位在看到「蘿琳亞」的塑身衣，眼睛都會有為之一亮的
直接反應（這也是他牌最難以相提並論的）。

「蘿琳亞」設計團隊研發出了 300 多種輕、薄、透、柔的布料，款
式也依照客戶需求而變化，讓塑身衣也能在內搭穿著時成為時尚造型的
亮點。

加入時尚元素打破大家對「傳統老叩叩塑身衣」的印象。

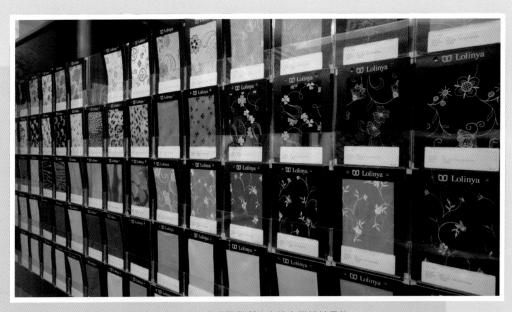

「蘿琳亞」展現時尚又充滿魅力的流行感，呈現同業所沒有的多樣設計風格。

「蘿琳亞」設計團隊研發出了 300 多種輕、薄、透、柔的布料，讓塑身衣也能成為內搭的穿著，
可說是超越了「瑪丹娜的內衣外穿」。

醫學檢測

「蘿琳亞」自詡所從事工作，是「為女性打造健康又美麗的一項神聖任務」，為了做到「健康的美麗」，讓「蘿琳亞」相較於同業又多了一項典範特色，那就是「對產品要有客觀專業檢核的機制」，因為「蘿琳亞」要為自己產品掛保證，也要為消費者負全責，而最好的做法就是對產品能不斷從醫學與科學做專業的檢測。就單單以「壓力」、「刺激」、「過敏」為例，「蘿琳亞」確實做到了令人安心與放心。

「壓力」的檢驗

「蘿琳亞」的塑身衣是一項結合醫學與科學智慧結晶的作品。產品是依據「流動性脂肪移動原理」及「人體工學設計」研製而成，用以調整人體脂肪分布，雕塑優美體態曲線。由於蘿琳亞塑身內衣採用布料輕柔且不會變形的「無感纖型布料」，並依循人體曲線精密計算進行立體剪裁，結合內置之彈性金屬支架，如此才讓「蘿琳亞」的塑身內衣，能有效緊貼皮膚，並可依據人體不同動作，對體內脂肪施加適當之壓力。經由生物力學模擬分析結果顯示「蘿琳亞」的塑身衣，不會使 von Mises 應力集中於人體單點區域，而是平均分布於人體表面，除了能調整身形之外，並持續維持美好的身材，當然更不會對人體產生不舒適的影響，也因此能滿足女性的需求與期待。

「刺激」的檢測

適當的刺激是女人美麗最大的動力之一。根據醫學研究顯示，超過六成的婦科發炎症狀與不當穿著塑身衣有密切的關連，不透氣，不吸汗，造成毛孔堵塞，私密處形成細菌繁殖場所，甚至導致慢性皮膚炎，都造成女性相當大的困擾。「蘿琳亞」根據國際化標準組織規範ISO10993，測試布料對紐西蘭大白兔之刺激反應，結果顯示，「蘿琳亞」所開發出「輕、薄、透、柔」，超透氣、高吸溼、快排汗特殊的布料，無任何刺激反應。特別是針對產後孕婦急於擺脫水桶肚，以及產婦手術後的傷口而言，「蘿琳亞」的「無彈性纖型布料」，能有效緊貼肌膚，而且不會刺激傷口，這種「刺激脂肪，不刺激肌膚」相當有助於產後的塑身。

「過敏」的測試

「蘿琳亞」塑身衣能成為女人雕塑身材的一項利器，其原因是因為「蘿琳亞」塑身衣堅持純手工客製化設計，讓使用者穿戴起來貼合與舒適，布料材質上更嚴選多項認證特殊排汗與吸溼的布料。「蘿琳亞」瞭解塑身內衣就如同是女人的第二層皮膚，因此，特別在材質的選用上更加以用心，依據 ISO10993 國際標準測試規範。測試「蘿琳亞」材質對於天竺鼠過敏情形之表現，結果顯示「蘿琳亞」所選用的材質不會造成紅腫與過敏現象。

「蘿琳亞」把建立經典特色，當成是一種與歷史拔河的堅持，過去已有的成就和光環畢竟是過去，唯有開創未來才是當下的眼界與舉措。「產品因為有人性的考量因而偉大」，如何把塑身衣營造更具人性化，讓人們能在自主性的喜悅下穿著，並為自己的一生帶來正面能量的價值，這個信念毫無疑問正是支撐「蘿琳亞」繼續走下去與存在的意義，「蘿琳亞」必當以此為最高的標的。

「蘿琳亞」在選材用料為求品質與安全，還特別委請具公信力的學術單位，長期進行醫學與科學上專業且客觀的檢測。

Chapter

5

藝人見證的分享

　　「蘿琳亞」在市場上屹立不搖，已成為廣大消費者首選的產品，目前有上萬名女性選用這項產品，經實際穿著後的經歷，她們都為這項產品給予正面的評價，在廣大消費者中也不乏許多知名的藝人，她們透過文字的表達分享自己的感受，真情告白。以下列舉十七位你我都相當熟悉的藝人，她們以原音娓娓道來，就讓我們一起聽聽她們怎麼說。

王以路

　　「生了孩子後才知道，女人真的很辛苦！懷孕期間為了孕育小生命，要忍受身材變形及所有懷孕期間的不適，而產後小生命誕生了，看著女兒天使般的小臉蛋真的很滿足幸福，看看自己還是肉肉又肚皮肉鬆鬆的身材，雖然產前就聽了許多好姐妹說過，這是媽咪們必經的過程但真的令人氣餒，還好產前好姐妹就推薦產後一定要穿塑身衣，因此做足了功課，我選擇蘿琳亞是塑身衣界中的愛馬仕，手工量身定做一體成型，產後穿蘿琳亞塑身衣真的很滿意，蘿琳亞塑身衣的收肉效果驚人，穿上後立刻讓腰臀歸位呀！哺乳媽媽也可以穿，我特別訂適合哺乳的款式讓我輕鬆哺乳，穿上塑身衣後身形更漂亮，走路抬頭挺胸不會駝背，讓我也不容易腰酸背痛了，謝謝蘿琳亞幫忙找回身材找回自信。」

李培禎

「我是李培禎,我的寶寶是個愛笑的小男孩。在當媽媽之前,我從來沒有想像過,生活可以如此的幸福,充滿了愛。雖然懷孕生子相當辛苦,我依然很開心。只是,剛生完寶寶,第一次照鏡子的時候,還是有點不習慣變得鬆鬆垮垮的肚皮跟大腿!於是我決定做完月子,要努力找回原本的身材。剛開始的那幾天,我一天穿兩三個小時。慢慢習慣了之後,一天平均穿八到十個小時左右。蘿琳亞的特殊設計,去洗手間也非常的方便。而且她們知道我在哺乳,很貼心的設計可拆式的哺乳胸罩,讓小寶寶用餐也很方便。就這樣,在我的寶寶將近三個月時,我就能夠輕鬆套上懷孕之前的牛仔褲了!現在寶寶五個月,我也幾乎回到懷孕前的體重。(剩下的兩公斤,應該是因為還在哺乳。)我認為產後身材回復要循序漸進,也要找對方法。我的方法就是:注重飲食均衡,做適量的運動,還有認真穿蘿琳亞塑身衣。漸漸找回女人的自信心,更能當個快樂的漂亮媽咪!」

黃小柔

「找了火辣身材但已經是好幾個孩兒的媽媽請教,後來交叉比對下來,發現了一個必定要有無敵有效方法『塑身衣』!沒錯～馬上可以幫妳把肉肉消除,把走山的肉肉夥伴們請回原來的位子,讓身材可以在黃金六個月裡慢慢的恢復到少女般的線條,突然想到我的老朋友～蘿琳亞～好久沒有找她們了,記得之前也是要瘦身,讓我成功完美地瘦下來,我還記得一起累積了好多革命瘦身情感,電話一通,開心的蘿琳亞同伴們分享目前的狀況,沒幾天,她們就來到月子中心來探望我～哈哈～當然順便來幫我做整個身材的規劃。出了月子中心後的一個禮拜,我就開始穿塑身衣了。現在離生完大概快四個月從 65 公斤的產前體重慢慢的瘦下來,離我的完美體重還有三公斤,肉肉們除了回到原本的位子,罩杯也跟著調整到比產前再多一個罩杯!呼～還差一點點,我要努力乖乖的好好穿!希望在夏天來臨之前可以穿上比基尼,讓我們家老爺再愛上我一次～想到就超級開心啊～在這邊跟好姐妹們一起分享瘦身心得喲～也祝妳們有個美麗的好身材喔!」

簡懿佳

「剛開始接觸蘿琳亞的時候，是夏天，還沒穿上它時，不免會覺得好像很熱很不方便，但穿上去之後發現它的材質很透氣，不會悶熱，而且自從穿蘿琳亞，胃口變小了，曲線更緊實了，最重要的是，拉繩式的穿脫，很簡單又很方便，就連運動也非常自在！」

呂佳宜

「使用蘿琳亞一段時間，覺得它穿著方便，且排汗舒適，讓我在炎熱的夏天穿得住，也成了習慣，因為自己有駝背的習慣，穿了它會自然撐起且更在意自己的姿勢，光是這點就不只讓體態更好，不駝背也減少背部酸痛，此外，在小腹部份，在蘿琳亞的支撐下，也叫我提醒自己吸氣吸氣，整體感覺真的很不錯呢。」

婷婷

「我是婷婷，雖然天氣還是有點涼，但夏天已經悄悄接近了。我知道再不趕進度先 Hold 好輕盈體態及 S 身形，就怕夏天正式報到時，穿依舊只是為了遮住隨處游移的脂肪！！生產之後，我就持續穿著蘿琳亞塑身衣，體重幾乎與產前沒有太大的變化，厲害的是，身材的線條比產前更緊實也更好了！這次選擇訂製的這款，完全是看上她的設計美到可以當宣傳 DM 封面！！罩杯、腰身及大腿完全依我個人尺寸精準量身訂製，不論外穿、內搭絕對完美迷人！也為我帶來了自信與美挺的體態，連工作也滿檔！！一件好的塑身衣可以讓自己美一輩子，這穩賺不賠的投資，我十年如一日依然選擇蘿琳亞，看到自己一直保有 24 吋的小蠻腰，真的怎樣都值得。」

徐小可

「誰說瘦子不用穿塑身衣！誰說生過小孩，身材就再也回不去了！才兩個禮拜，蘿琳亞讓我大腿和肚子的抖抖肉瞬間消失了一半以上，每一次改小 SIZE 都讓我興奮不已啊！蘿琳亞無彈性的特性，一開始還會以為可能會不舒服吧～～結果，不但沒有，反而更加有效果。永遠記得第一天穿了蘿琳亞的 12 個小時後的成果，陪伴我多年惱人的大腿內側小肉肉，在我脫下塑身衣的那刻，天啊～～居然不見了！看著自己的身材慢慢恢復，甚至有比生產前更好一些些（樂）開心自己挑對了一件衣服，一件每個女人都必備的衣服～～蘿琳亞～～有妳真好 ^^ 徐小可 ^^」

利菁

「唯有上百種花色布料可讓我選擇的蘿琳亞塑身內衣，才算真正的的量身定做。我最喜歡穿上蘿琳亞的時尚名媛外衣定做服，出席各大場合，展現我美麗的身體曲線，您看得出來這些都是塑身內衣嗎？唯有使用絲、棉做出來的蘿琳亞塑身內衣，沒有彈性才舒服，吸汗又透氣，專利拉繩是穿脫設計，穿脫方便，選擇蘿琳亞，您將和我一樣曲線麻辣。」

季芹

「熱情推薦—產前靠天生，產後交給蘿林亞，拒絕當小腹婆，找回如芭比般的美麗。女人生完小孩第一件最重要也是最沒自信心的事就是我們的腹部，因為經過十個月的撐大，剛生完的時候，真的不敢相信這是我的肚子嗎？以前一點小腹都沒有的我，現在居然也會有大肚婆的一天，但是穿上蘿琳亞之後，可以幫助你在最短的時間之內找回你的自信心，當你看著自己的肚子一天一天的緊實，一天一天的縮小，真的會讓你對蘿琳亞的神奇感到不可置信，而且從此愛上她，到不能沒有她。記得喔！只有懶女人沒有醜女人，想找回產前的小蠻腰拒絕當小腹婆的話，一定要有恆心，希望大家都可以成功的找回自己的纖纖小蠻腰喔！」

丁國琳

「前幾年子宮肌瘤開刀後，因長期吃類固醇藥物控制使得身體
四肢水腫虛胖，正感無力之際，在王中平老婆的介紹下和蘿琳
亞結下因緣，我在信義店訂製3、4件塑身兼術後回復的內衣，
短短二個月內身材就回復了，效果之快令人驚奇。直到今年
二月剖腹生下女兒後，才又想起衣櫃裡被收藏的塑身衣，送回
門市修改後又開始塑身的日子，在四月份公開活動時，竟然可
以穿下產前的衣物了！隨著流行，前陣子又訂製了二件馬甲，
既可塑身又可外穿，一舉數得，蘿琳亞貼心的為每位客戶
提供免費修改，讓人倍覺溫馨，每一次修改，親切的門市
小姐都會陪你分享又瘦了一吋的喜悅，那貼身透氣的設
計，讓人幾乎忘了塑身衣的存在，只要有恆心，持續
穿著，那麼下一個擁有魔鬼身材的就是妳。」

李嘉

「在一個上綜藝節目的偶然機會認識了蘿
琳亞，並且有機會能夠體驗蘿琳亞、穿上蘿琳
亞，讓我嬌小玲瓏的身材，更加地凹凸有致，
多樣的花色及活潑的造型讓人愛不釋手。選擇
蘿琳亞，妳也可以跟我一樣窈窕迷人。」

傅天穎

「生產完後的我，經過一段時間的努力，雖然已回復以往的身材，仍不斷的找尋可以輕鬆保持苗條身段的好方法，透過圈內好友的口耳相傳接觸了「蘿琳亞」，蘿琳亞獨特的設計，輕、薄、多變的造型，穿上蘿琳亞，輕鬆就可以擁有纖形細腰及纖塑手臂，擁有蘿琳亞，妳將會發現身邊多了許多驚呼聲。」

李妍瑾

「我一直是個難以抵抗美食誘惑的人，所以需要藉由外力來幫我維持身材曲線，自從穿上蘿琳亞後，她讓我胃口自然的變小，曲線變得更緊實，讓我不由自主的愛上她的神奇魔力。最重要的是，蘿琳亞讓我的腰身更明顯，且材質非常透氣，即使在夏天穿著跑通告，一點也不會不自在！蘿琳亞提供上百種花色布料，方便我定做專屬於我的個人款式，更連同鞋子等配件都可以一起定做，讓我整體更加分！像我接下來就想嘗試定做今年很流行的髮帶，到時再秀給大家看！」

紀曉君

「每個女孩都嚮往長大後，在走向紅毯的那一天，會是世界上最美麗的新娘，就是蘿琳亞讓這個夢想一步一步變成真實，對於年底將要拍婚紗照、結婚的我而言，當然希望可以呈現出自己最好的一面，穿上它的那一刻，我已經感覺到尺寸的變化，原本自己的食量很大，卻不知不覺中減少了，而且不會有飢餓感，背肉跟副乳也都集中到他們該去的地方，而且它的透氣超乎想像，即使是在炎熱的夏天裡長期穿著也不會有悶熱感。我相信可以就這麼美麗下去，不只是在當新娘的那一刻，更可以是永遠，只要我有蘿琳亞。」

唐綺陽（唐立淇）

「維持良好身材幾乎是每個女人的夢想，但對於禁不起美食誘惑，又常在不對時間進食的人來說，維持體態是很困難的事，曾經我也狂減過 20 公斤，靠的是運動節食等方法，雖然安全，但拍完廣告片後才是面對考驗的時刻，就是面對自己的自制力。偏偏我這天蠍座喜歡活得過癮，導致身上的肉又長回來，控制曲線於是成了最大的挑戰。偶然接觸到蘿琳亞，看到莊總被雕塑出來的曲線讓我大為驚豔，對我來說就像找到了魔術師，開始幻想自己也有動人的曲線，聽說布料是沒有彈性時更是振奮，我很清楚只有很堅強的布料才能控制我的肉肉吧？蘿琳亞量身定做的塑身衣，讓我少吃了好幾口，達到減少熱量的訴求，還時時刻刻被提醒著，哪個部分的肉特別突出需要消滅……。它獨特的交叉繩設計，更讓很難穿脫的緊身衣變得輕鬆簡單，一隻手便能達到效果，感覺好神奇喔。現在，尤其是重要場合時，蘿琳亞塑身衣已經是我不可或缺的貼身良伴，沒有它我還沒有信心站在大家面前呢，等我在它的監督下慢慢瘦下來，再跟大家分享我的喜悅！」

唐林

「擁有天生傲人的身材常引人注目，我只選擇有金牌保證的蘿琳亞來維持。拉繩式的穿脫，輕鬆又方便，讓愛好運動及舞蹈的我怎麼動都不擔心。」

附錄一 西洋女性輪廓審美的主要代表

整體輪廓形成如「8」字的「沙漏形」。

西元前 1600 年

整體外型輪廓如「長條狀」。

約西元 42 年

約西元前 420 年

整體外型輪廓如「長條狀」。

約十世紀

整體外型輪廓如「橢圓狀」。

整體外型輪廓如「纖細修長」。

整體外型輪廓如「銳角三角形」。

整體外型輪廓如「風鈴加圓錐形的組合」。

約西元
1130-1160 年

約西元
1434 年

西元
1563 年

約西元
1365 年

約西元
1545 年

整體外型輪廓如「內凹式酒杯」。

整體外型輪廓如「雙圓錐形組合」。

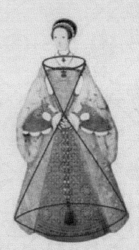

下半身外型輪廓如「圓柱形」。

整體外型輪廓如「直角三角形」。

西元 1592 年

約西元 1698 年

西元 1699 年

西元 1748 年

下半身外型輪廓如「立體的扁梯形」。

下半身外型輪廓如「扁正方形」。

下半身外型輪廓如「扁長方形」。

西元 1778 年

整體外型輪廓如「雙銳角三角形組合」。

西元 1815 年

整體外型輪廓如「胖形 8 字」。

西元 1830 年

西元 1808 年

整體外型輪廓如「長方形」。

西元 1826 年

整體外型輪廓如「瘦形 8 字」。

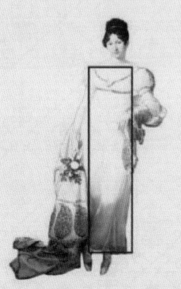

下半身外型輪廓如「炮彈頭」。

下半身外型輪廓如「四分之一圓」。

約西元 1841 年

西元 1862 年

約西元 1855 年

西元 1868 年

下半身外型輪廓如「立體半圓」。

下半身外型輪廓如「直角三角形」。

整體外型輪廓如「啞鈴」。

整體外型輪廓如「S形」。

整體外型輪廓如「S形
水管」。

西元 1876 年

西元 1892 年

西元 1911 年

約西元 1855 年

西元 1901 年

整體外型輪廓如「三
角形與方形的組合」。

整體外型輪廓如「S形」。

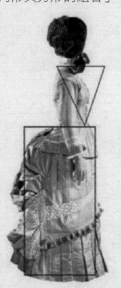

整體外型輪廓如「長方形」。

西元 1919 年

整體外型輪廓如「流線形」。

西元 1935 年

整體外型輪廓如「沙漏形」。

西元 1947 年

西元 1920 年代

整體外型輪廓如「長條形」。

西元 1942 年

整體外型輪廓如「長方形」。

下半身外型輪廓如「A字」。

西元 1958 年代

下半身外型輪廓如「梯形」。

西元 1970 年代

西元 1969 年

整體外型輪廓如「短版方形」。

西元 1980 年代

上半身外型輪廓如「方形」。

附錄二
束腹文物選粹圖式 依照實際文物重繪

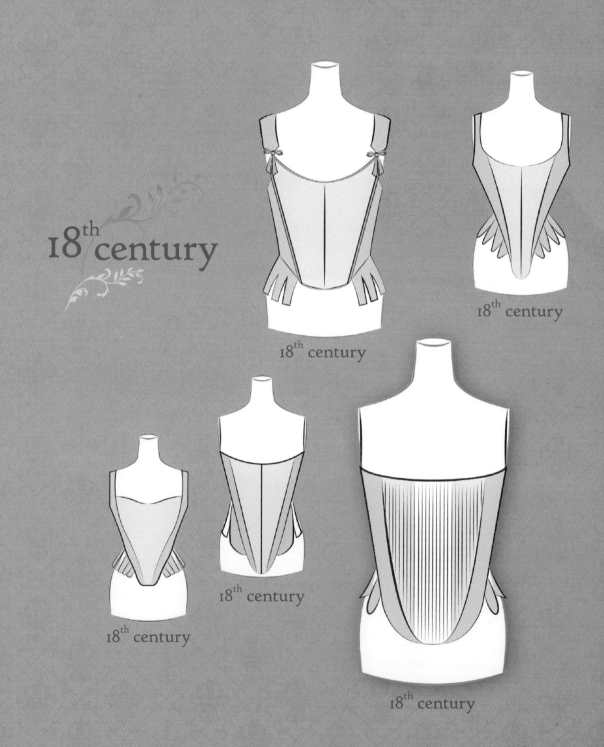

18th century

18th century

18th century

18th century

18th century

18th century

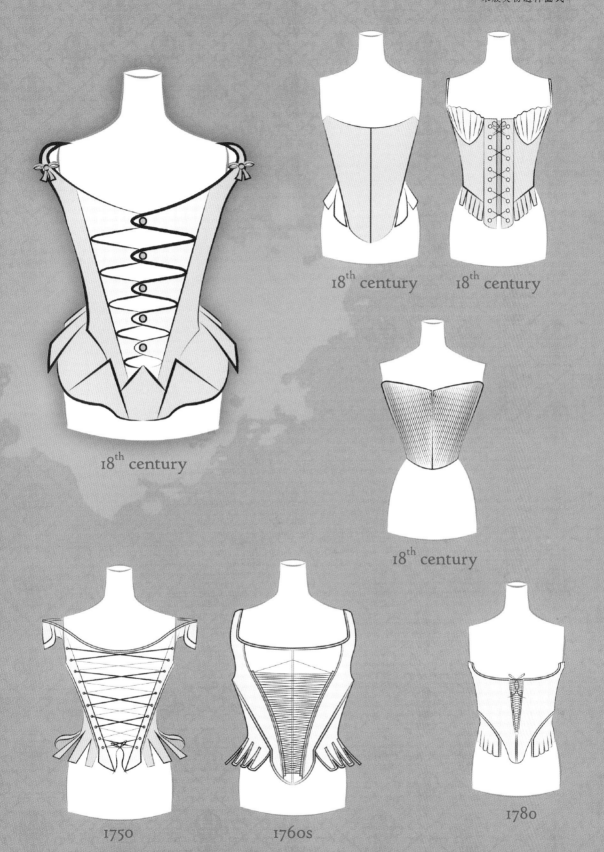

18th century

18th century

18th century

18th century

1750

1760s

1780

19th century

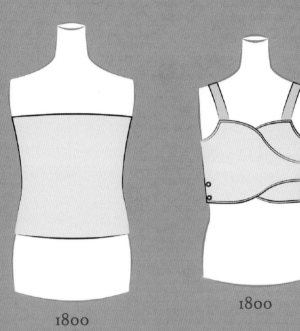

1800

1800

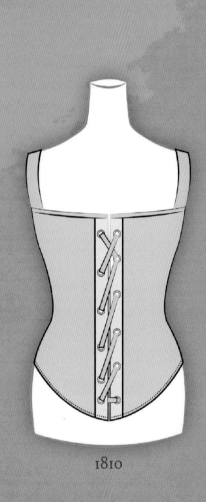

1810

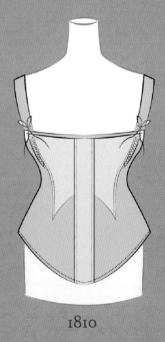

1810

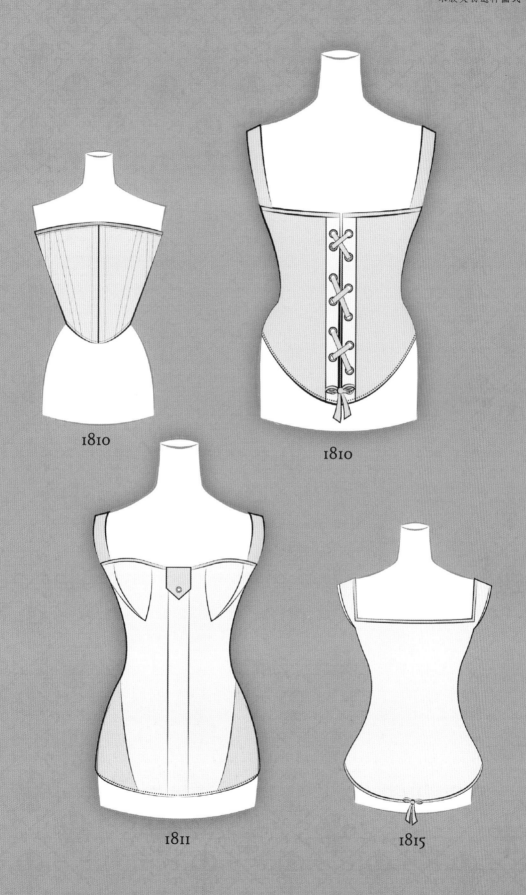

1810

1810

1811

1815

1820s

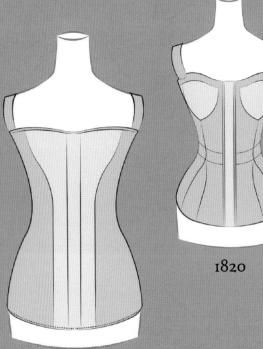

1820

1820s

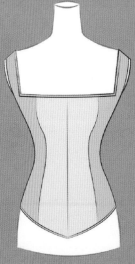

1820

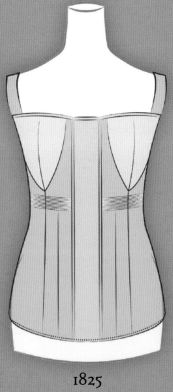

1825

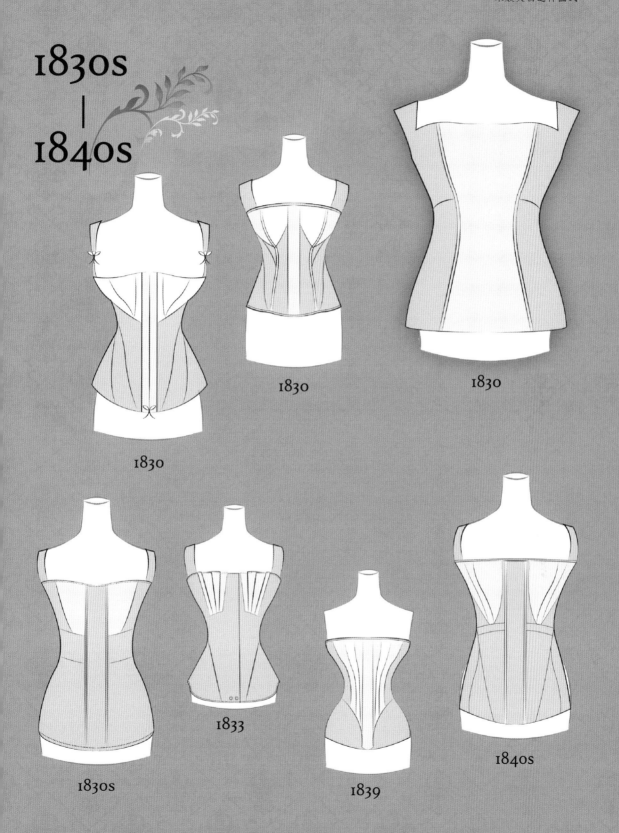

1830s
—
1840s

1830

1830

1830

1830s

1833

1839

1840s

1860s

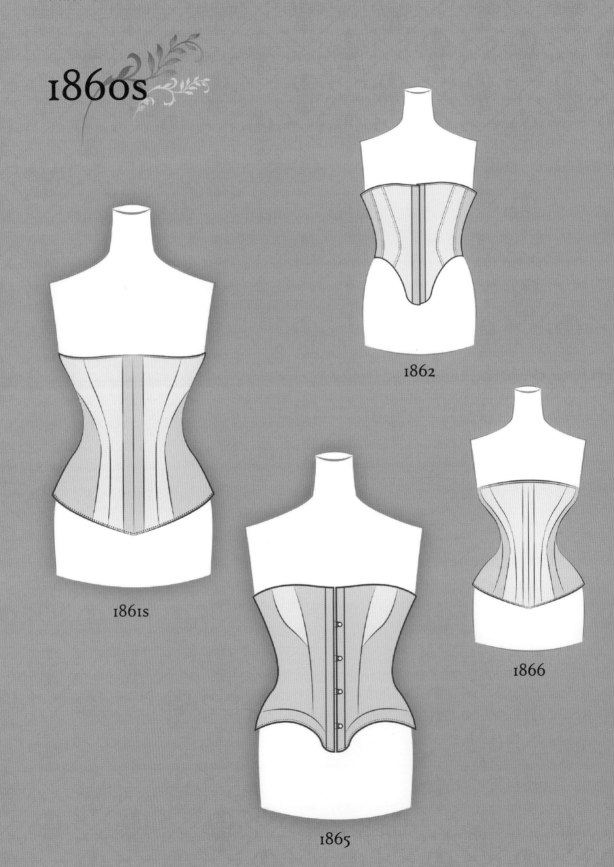

1862

1861s

1866

1865

1870s

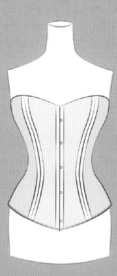

1870

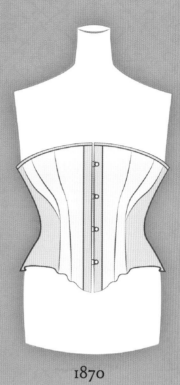

1870

1872

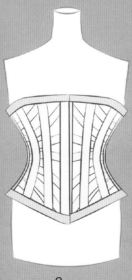

1872

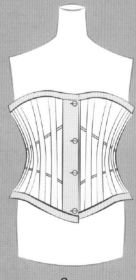

1872

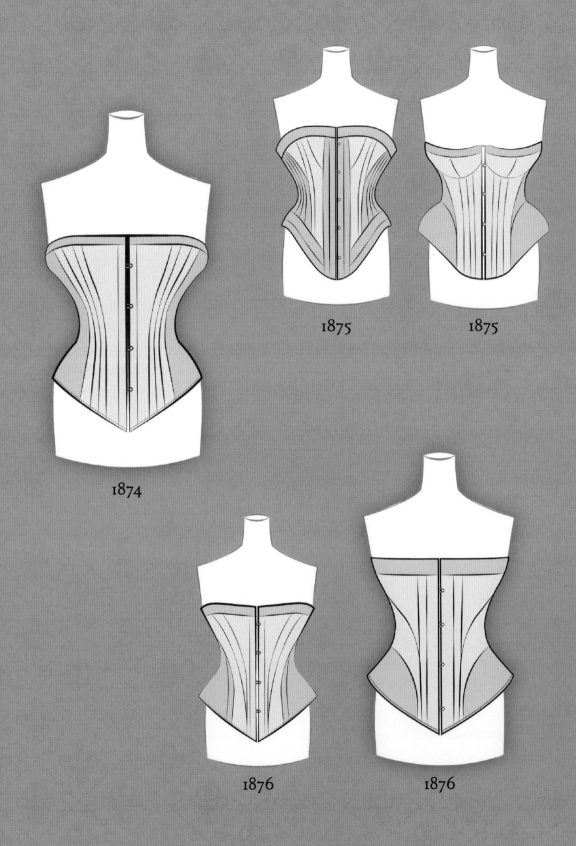

1875

1875

1874

1876

1876

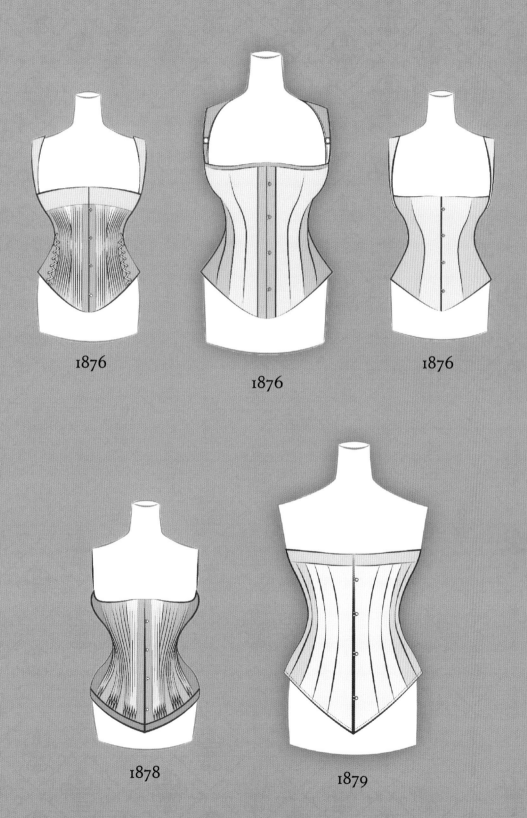

1876

1876

1876

1878

1879

1880s

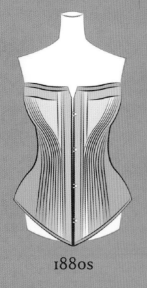

1880s

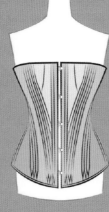

1880s

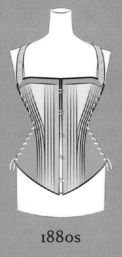

1880s

1880s

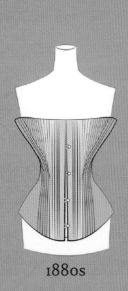

1880s

1880s

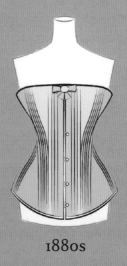

1880s

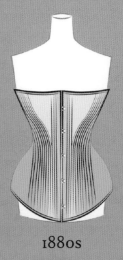

1880s

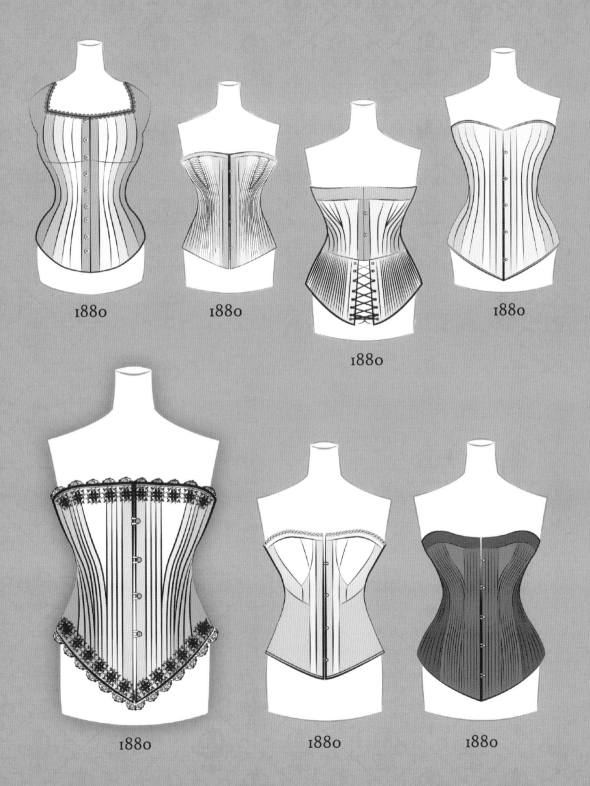

1880

1880

1880

1880

1880

1880

1880

1880

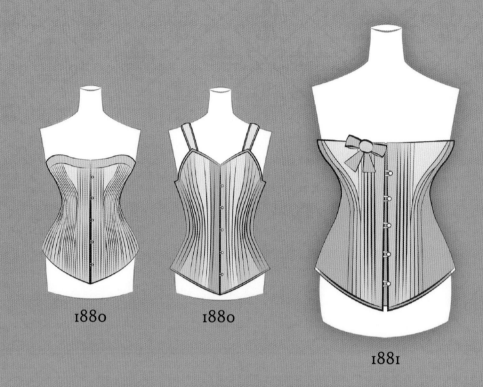

1880   1880

1881

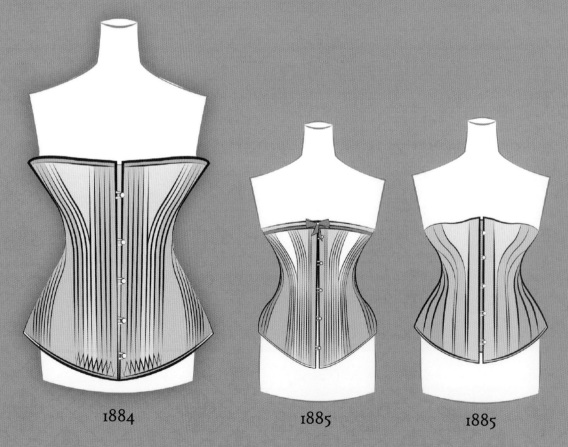

1884   1885   1885

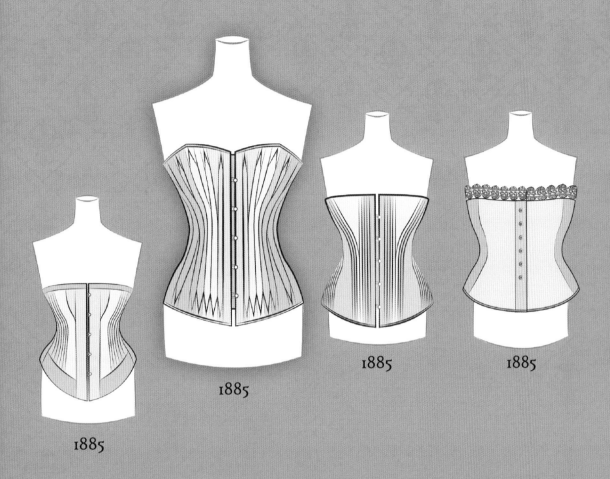

1885

1885

1885

1885

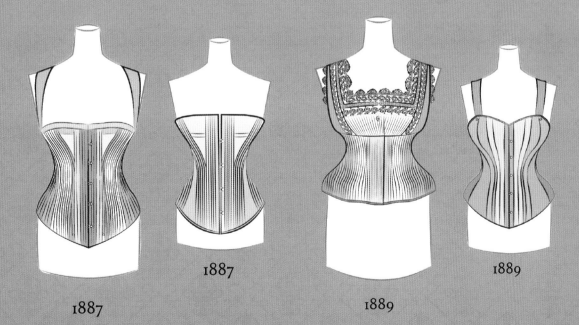

1887

1887

1889

1889

1890s

1890s

1890s

1890

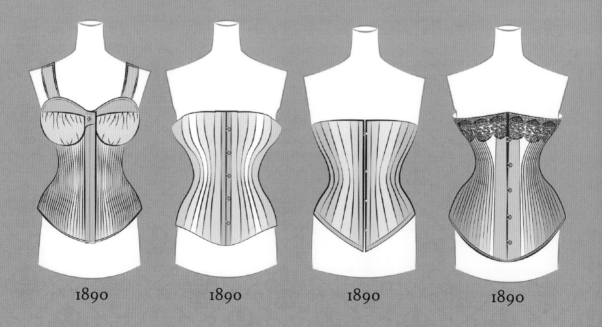

1890

1890

1890

1890

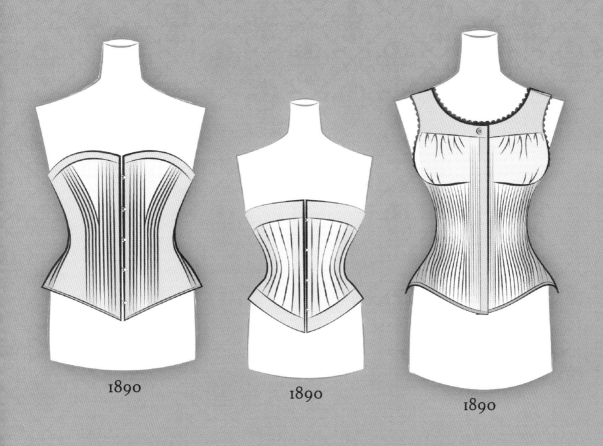

1890   1890   1890

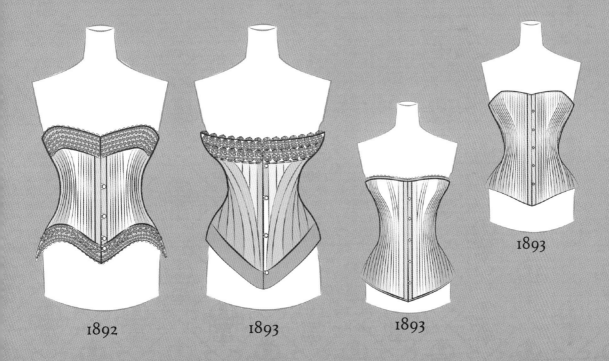

1892   1893   1893   1893

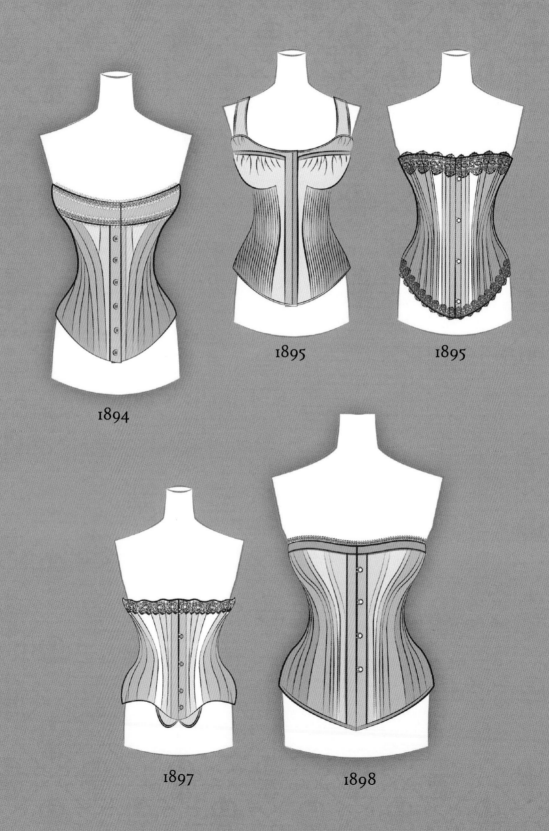

1895

1895

1894

1897

1898

1900s

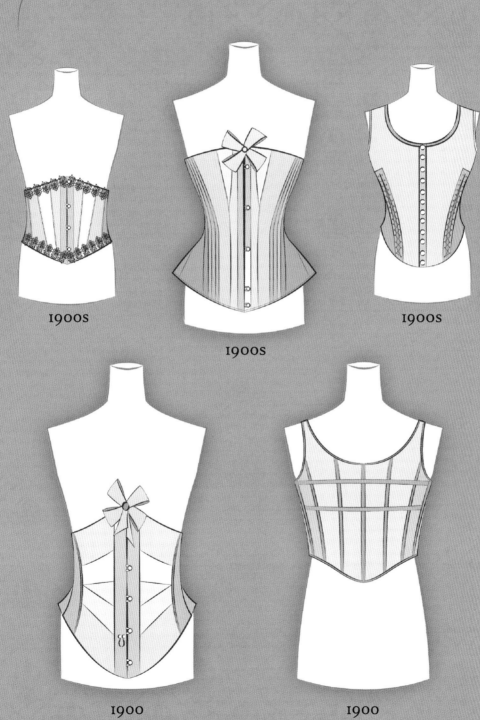

1900s

1900s

1900s

1900

1900

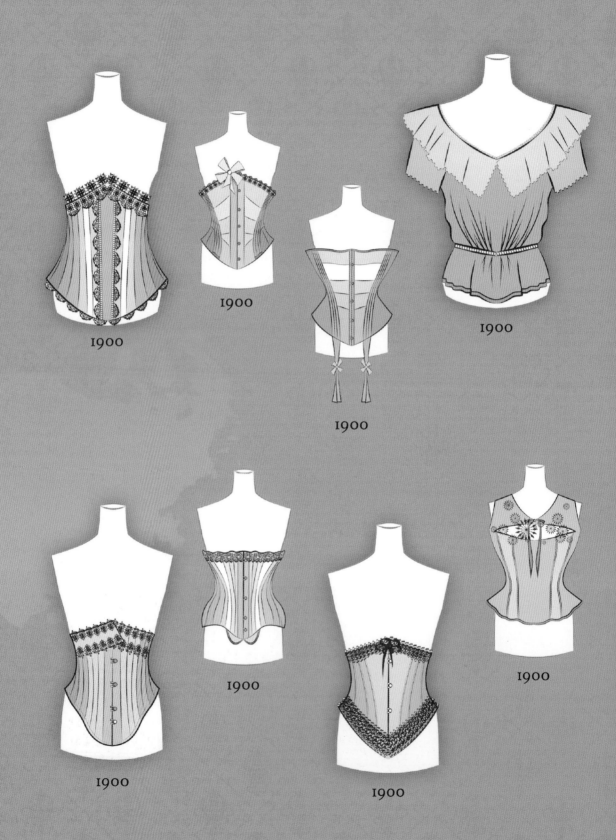

1900

1900

1900

1900

1900

1900

1900

1900

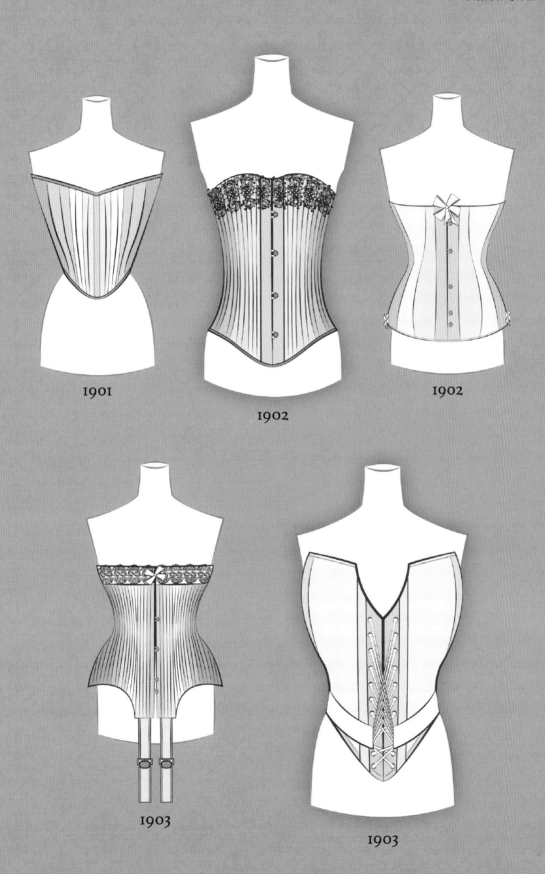

1901

1902

1902

1903

1903

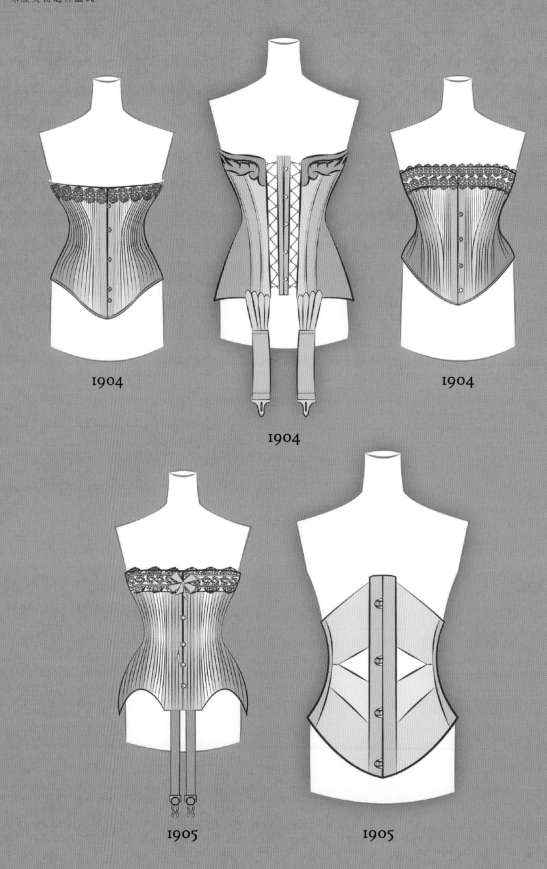

1904

1904

1904

1904

1905

1905

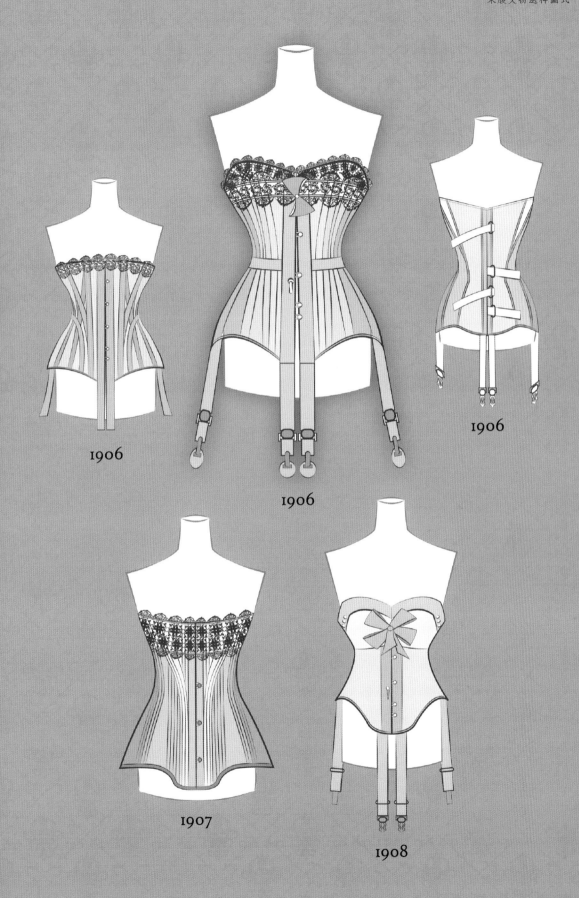

1906

1906

1906

1907

1908

1910s

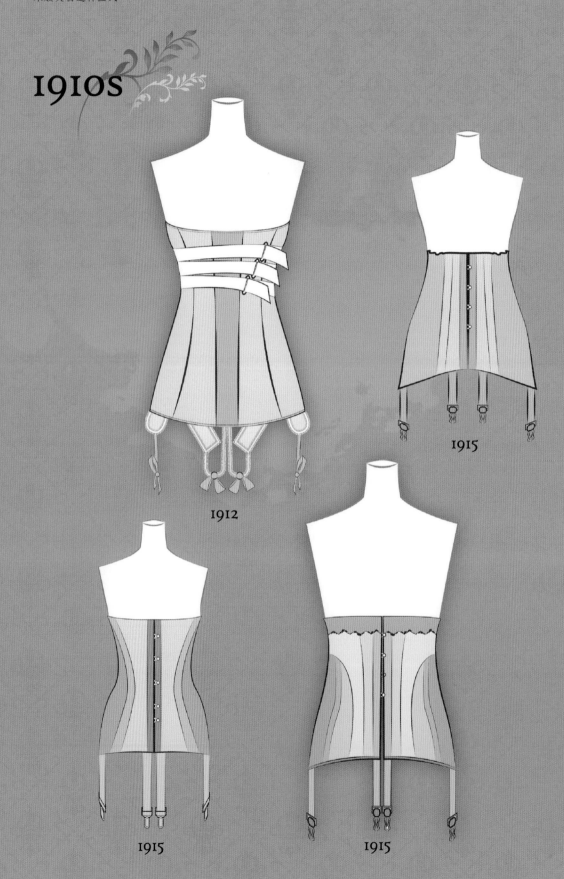

1912

1915

1915

1915

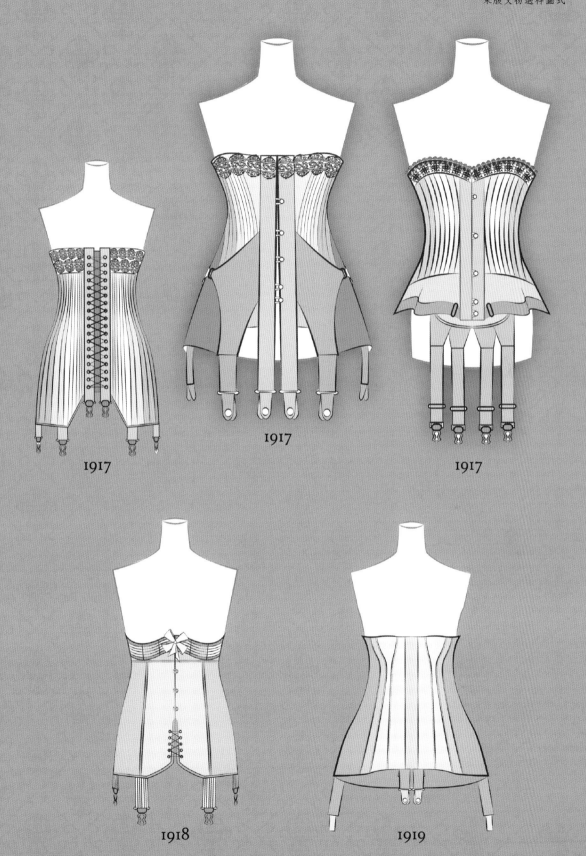

1917

1917

1917

1918

1919

I920S
─
I940S

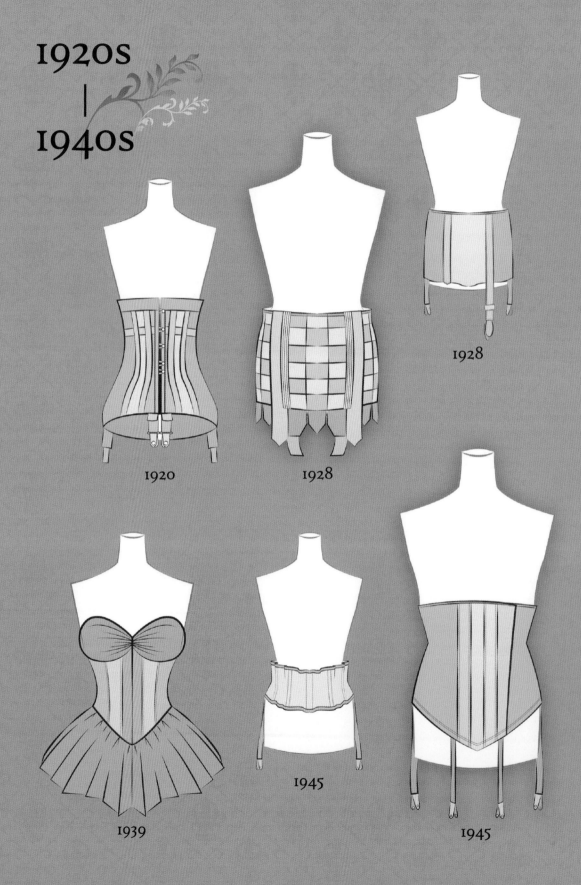

1920

1928

1928

1939

1945

1945

1996
—
2017

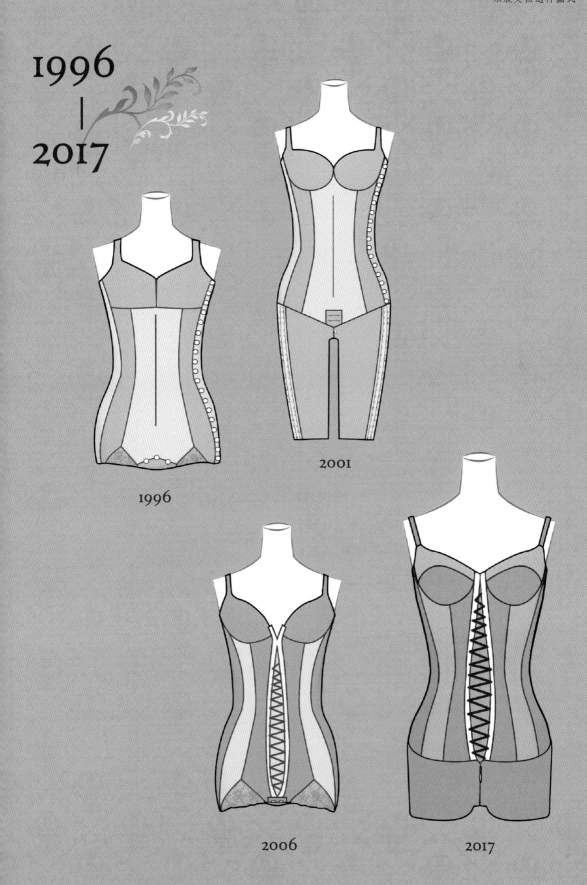

1996

2001

2006

2017

國家圖書館出版品預行編目 (CIP) 資料

形體輪廓與束腹的前世今生／ 葉立誠著 . -- 第一版 . --
臺北市：商鼎數位，2018.07
　面；　公分
ISBN 978-986-144-170-2 (精裝)

1. 內衣　2. 歷史

423.41　　　　　　　　　　　　107010443

形體輪廓與束腹的前世今生

著　　者	葉立誠
出版單位	蘿琳亞國際有限公司
出 版 者	鄧民華
發行單位	商鼎數位出版有限公司
發 行 者	王秋鴻
	106 臺北市金山南路二段 138 號 2 樓
	http://www.scbooks.com.tw/scbook
	電話：(02)2228-9070　傳真：(02)2228-9076
法律顧問	永然聯合法律事務所
美術設計	商鼎數位出版有限公司／周威廷
出版日期	2018 年 7 月　第一版／第一刷